図説 世界の「最悪」クルマ大全

クレイグ・チータム　川上 完 監訳

原書房

The World's Worst Cars

From Pioneering Failures To Multimillion Dollar Disasters

Craig Cheetham

CONTENTS

まえがき

世界の名車を取り上げた本は数多い。それだけで１冊の本になるほど絶大な人気を誇るクルマもある。ならば、自動車界の最下層にいる者たちはどうだろう？　冗談の種にされて皆の笑いものになり、汚点として歴史の奥に葬られた欠陥車たち。中には欠点だらけのくせに、熱烈な信奉者を生んだ車種もある。

私はそんなダメ車たちが愛しくてならない。目を覆いたくなるほど醜いデザイン。目が飛び出るほど高い生産コスト。目を疑いたくなるほどわがままな性能。そんな数々の失敗があったからこそ、自動車産業は今も働きがいのある素敵な業界なのだ。確かに結果的には見事なまでの失敗作だったかもしれないが、どんなクルマも元をたどれば必ず誰かの夢に行きつく。この業界には昔から今に至るまで世界中の腕のいいエンジニアが集まっているし、彼らの功績をあざ笑う気も毛頭ない。世界でも指折りのダメ車がいかにして生まれたのか。その背景を少しばかり掘り下げてみよう、というのが本書の狙いだ。

それぞれしかるべき理由から150のクルマを選び、著者の見解に基づいて批評を添えた。もちろん選ばれてもおかしくないクルマは他にも数多くあるし、反対に、このクルマをそこまで言わなくても、と思う向きもあるだろう。異論を承知で挙げたクルマもあるが、拙文をお読みいただければ、著者の思いが伝わるものと考えている。実は、著者が先頭に立って擁護に回りたい車もある。著者が実際に乗っていた車種も10台以上取り上げているが、いずれも自分がオーナーになって初めて、巷で言われるほど悪くないと思ったことをよく覚えている。

グローバルな視点も取り入れたつもりだ。本書の性格上、米国、日本、西ヨーロッパ、英国といったクルマ大国の製品が大半を占めるが、ロシア、イラン、オーストラリア、ポーランド、韓国からも、さえないクルマたちにご登場いただいた。

INTRODUC

本書がモーター界に敬意を表し、その多様性を讃えるものになれば、と願っている。デビュー当時はさんざんにこき下ろされたにもかかわらず、いまだに熱い支持を集めているクルマもある。歴史に名を刻むほどのダメ車を愛してやまないファンがいるからこそ、世界は面白い。世界の迷車をあえて選び、深く愛し続けるたくましい精神の持ち主たち。そんな彼らの勇猛さと独創性、ユーモアのセンスに幸あらんことを祈る。著者の自宅をひと目見てもらえればわかるだろうが、私はきみたちの味方だ。

150のクルマは以下の5つに分類した――「作りが悪いにも程がある」「設計ミスもはなはだしい」「少しは採算も考えろ」「名前を変えればいいってものじゃない」「とにもかくにもひどい」。説明は各章の始めに記してあるが、問題がクルマそのものよりメーカーのマーケティング法にある場合も少なくないことをあらかじめ申し上げておく。

TION

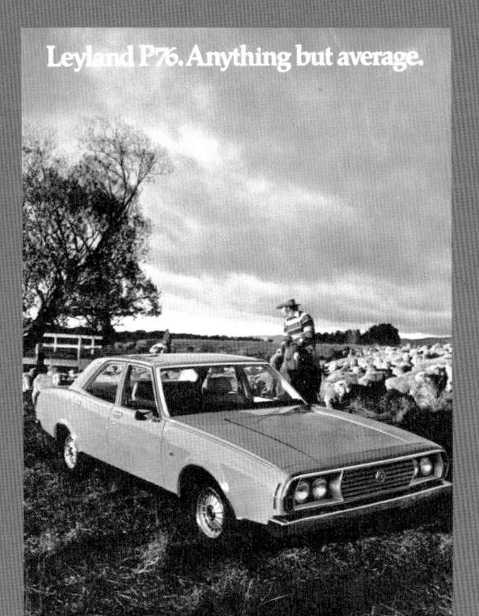

↑レイランドP76の売り文句は「普通は卒業」。だが蓋を開けてみたら、クオリティは「普通」にも満たないという体たらく。

↑SUV流行の礎を築いたと言えなくもないAMCのイーグル。だが、とてもではないが運転を楽しめるクルマではなかった。

ADVANCE SPECIFICATION | **AUSTIN** 3 LITRE

↑ブリティッシュ・レイランドが生んだ完全なる失敗作、オースチン３リッター。どこを取っても、当代きってのダメ車だ。

BADLY

作りが悪いにも程がある

世界に名だたる迷車も、初めから道を踏み外していたとは限らない。コンセプトやデザインは抜群だったものもある。名車になる可能性はあったし、なってもおかしくなかったのに、組み立てた人間のせいで地に落ちてしまったケースは数多い。そんな悲劇のクルマたちを集めたのが本章だ。アルファロメオ・アルファスッドやローバーＳＤ１などは、優れたデザイン性が受け、デビュー当初は好評を博した。だが後になって重大な欠陥が露わになり、それにオーナーは胸を痛め、懐を苦しめられる結果となった。

もちろん、端から完璧なポンコツだった類もある。たとえばオースチン・アレグロやルノー14がそれだ。いずれも最初から悪評だったうえ、信頼性がびっくりするほど低いことが判明。かろうじて保っていた両メーカーの体面を叩きつぶすことになった。本章のページを飾るのは、世界の自動車界の汚点と呼ぶにふさわしい、いずれ劣らぬダメ車ばかりである。しばらく乗ってガタがくるどころか、新車の段階からガタついているのだから、始末に負えない……。

BUILT

アルファロメオ・アルファスッド

ALFA ROMEO ALFASUD

　ヨーロッパの自動車界で残念なクルマといえば、これをおいて他にない。美しいスタイリングと見事な運転性を兼ね備えた「スッド」。歴史に名だたる1台になる力を十二分に秘めており、成績不振にあえぐアルファロメオ社の救世主になってもおかしくはなかった。実際、それに近いところまではいった。発表時から市場の受けは上々で、走行テストの結果も良く、滑らかなハンドリングと力強い水平対向４気筒エンジン、スポーティーな走りが好評を博した。だがそれも、ボロが出るまでの話だった。

↑アルファロメオ社が総力を挙げて売り出したスッド。性能自体は卓越した「コンパクト・カー」のキャッチコピーどおりだったが、あっという間に作りの悪さを露呈することに。

　スッドはナポリの新工場で生産された。南イタリアに蔓延する失業問題の解消を見すえてのことだったのだが、労使関係が最悪だったうえ、コスト削減からロシア製の再生鋼を利用。製造環境に加えて材料までひどかったのだから、出来が悪いのは言うまでもない。まずはプラスチック・トリムが外れ落ち、続いて販売から２年もしないうちに、ボディがサビつくことが判明。浜に捨て置かれた難破船かと思うほど、あっという前に。

　それでもアルファロメオ社はなんとか持ちこたえ、スッドは12年にわたって生産された。

　1981年にはマイナーチェンジも敢行。分厚いプラスチック製バンパーをつけ、内装を新しくするなど、多額の資金を投入して見かけにはこだわったのに、なぜ肝心の鋼材に気が回らなかったのだろう……。

ボディは２年ともたずに、難破船のごとくサビつく

スペック

最高時速：149 km/h
加速時間（0～96 km/h）：14.1秒
エンジン：水平対向４気筒
排 気 量：1186 cc
総 重 量：823 kg
燃　　費：13.1 km/L

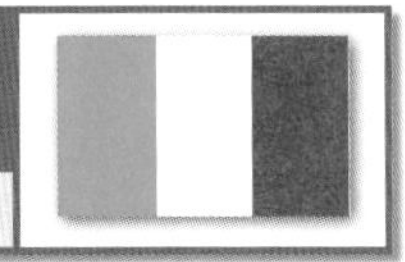

1972~84年 イタリア

アルファスッド「南イタリアの難破船」

発売から9年目にハッチバックを発表したが、遅きに失した感はぬぐえない。トランクスペースも狭く、水漏れも問題だった。

若々しいスタイリングが目を引いたが、老いるのも早かった。鋼材があっという間にサビつくのが最大の問題で、フロントウィング、リア・ホイールアーチ、シルだけでなく、ルーフやボンネットといったパネルまでサビる始末。

スッド・スーパーモデル

初代の4ドアと2ドアセダンの他に、かなりのレアもののステーションワゴンと、アルファスッド・スプリントなる2ドアクーペもあった。

優れたクルマだっただけに、作りの悪さがとにかく悔やまれる。ファミリー向けだが、きびきびとした走りはスポーツカーにひけを取らなかった。

アルファロメオ社の水平対向エンジン(通称「ボクサー」)はスポーティーな性能に定評がある。スッドのエンジンも期待を裏切らず、活きが良くて音も最高だったのだが、電気系統に問題があり、信頼性は低かった。

ボディもそうだが、その下に隠れている部分のサビはさらにひどかった。3年もしないうちに大半が溶接のやり直しを余儀なくされ、修理箇所は多岐にわたった。それだけ作りが悪かったということ。

アストンマーチン・ラゴンダ
ASTON MARTIN LAGONDA

昔から人目を引く術を心得ていたアストンマーチン社。ただし、スタイリングはエレガントとはいえ、おとなしめのものが多かった。つまり、このラゴンダは突然変異。文字どおりウェッジシェイプの４ドア・ラグジュアリー・サルーンの登場に、当時の人々は度肝を抜かれた。俗悪と見る向きもあるだろうが、頭から尻までいかにも７０年代なデザインは斬新そのものだったし、世界初のＬＥＤデジタルメーターをはじめ、電気系統にも新たなテクノロジーを採用している。だが、見切り発車だったのだろう。電気系統のトラブルが相次いだ。

デジタルメーターがつかない、リトラクタブル・ライトが上がらないといった故障に加え、フロアパンのサビも問題に。高級なおしゃれ感を売りにする1台があっという間にサビついてしまうのは、お粗末というしかない。

アストンマーチン好きからはそっぽを向かれているが、それがかえって変わり者たちの優越感をあおるのだろう。欠陥だらけとわかっているのに、熱烈なファンがついている。信用のかけらも置けないくさび形の箱を走らせるだけのために毎年、莫大な金を捨てるのを無駄と思わない。そんなマニアたちだ。

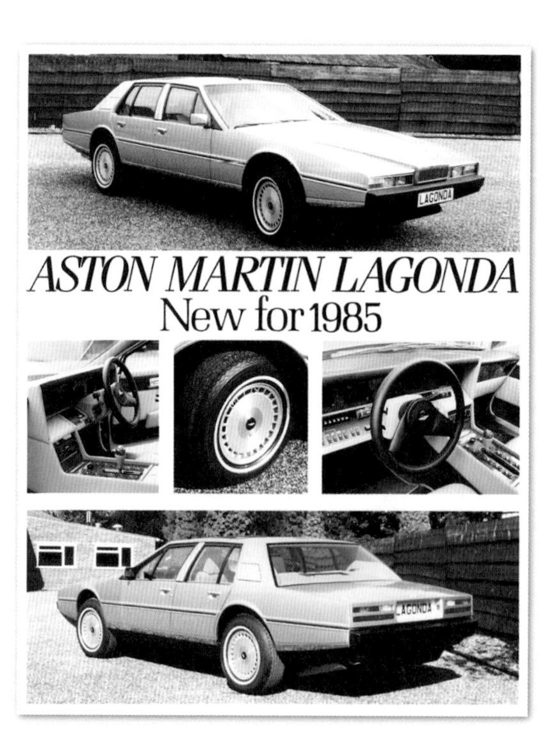

あっという間にフロアパンが傷んでしまう

スペック

最高時速：231 km/h
加速時間（0～96 km/h）：8.8 秒
エンジン：V型8気筒
排 気 量：5340 cc
総 重 量：1984 kg
燃 費：5.0 km/L

←「1985年でも斬新」なクルミ材のダッシュボードや胡椒挽きの底形のアロイホイール、ウッドパネルでも、同社デザイナー・ウィリアム・タウンズの手になる「くさび型の箱」に客を呼び込むには至らず。

ラゴンダ「ボンドが乗らないアストンマーチン」

ボンネットは後ろ開き。デザイン重視は結構だが、メカニックはたまったものではない。

大好きか大嫌いか

アストンマーチンらしくない1台。保守的な伝統主義者からはそっぽを向かれたが、新し物好きには大いに好かれ、いまだに熱狂的なファンがついている。

当時、LEDデジタルメーターは革命と称され、他社もこぞって追随した。ただ、アストン社のメーターは故障が頻発。評判はたちまち地に落ちた。

古くからのアストンマーチン・ファンには、この大胆なスタイリングは受けなかった。確かに先進的だが、スタイリッシュとは言えない。長すぎるし、異常に薄べったいうえ、フロントノーズに比べてテールが高すぎで、いかにもバランスが悪い。

最新テクノロジー搭載も売りのひとつだったが、エンジンは相変わらずの5.3L/V8で、新しくもなんともなし。

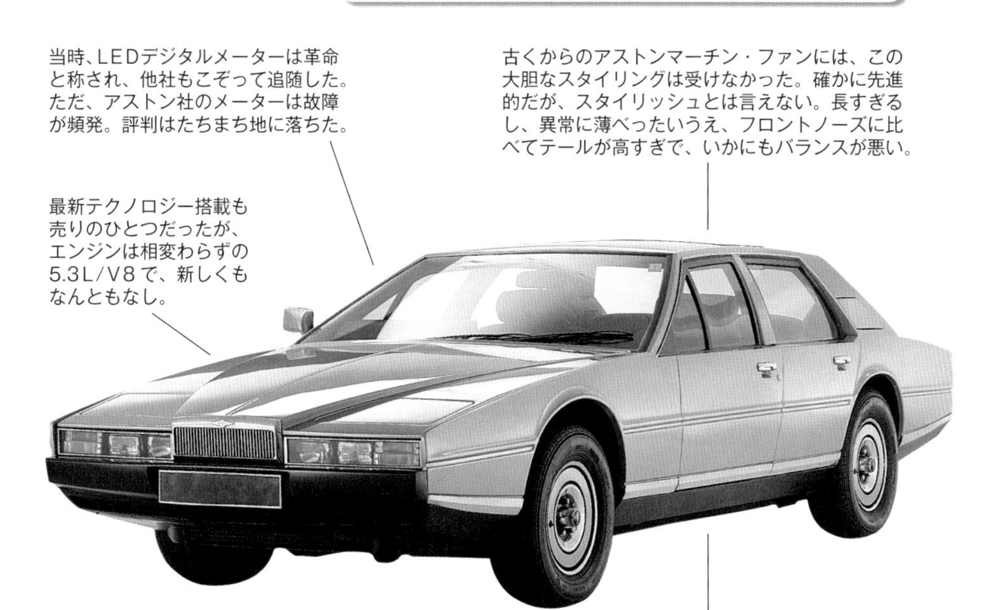

値段だけ見れば超高級だが、70年代の英国車らしく作りは最低。特にシルとフロアパネルのサビがひどかった。

オースチン・アレグロ
AUSTIN ALLEGRO

ヨーロッパで、特に英国で最もバカにされた１台。一時はブリティッシュ・レイランドの期待の星だったが、蓋を開けてみれば、英モーター業界の恥さらしに。バスタブをひっくり返した図を思わせる格好もひどいが、とにかく立てつけの悪さが問題だった。パネルとパネルの間には指どころか腕が入るほどの隙間ができるし、トランクの水漏れは当たり前。ジャッキを当てる場所を間違えると、窓が落ちるという体たらく。四角に近い楕円のステアリング・ホイールは奇抜というより奇妙で、上級グレードだけの５速トランスミッションは扱いづらく、ギアチェンジをするというより、コンクリートをかきまぜているといった感触。モーター産業史上、最大の失敗作の名にふさわしい迷車なのだが、どういうわけかこのクルマ、いつしかカルト的な人気を博し、今ではなんと世界規模のオーナーズ・クラブまであるというから、世の中はわからない。

ただ、チャンスがあれば一度乗ってみてほしい。意外な快適ぶりにうれしい驚きが味わえる。外見は目も当てられないし、シートもどこか湿っている感じなのだが、ハイドラガス・エアサスペンションといい具合に重いステアリングのおかげで、同世代の多くのクルマより乗り心地はいい。あえてたとえるなら、ミニの「大人」版といったところか。ただ、やっぱりこの見かけはなんとも……。

ジャッキを当てる場所が悪いと窓が落ちてしまう

←この２人、海に潜ると思ったら大間違い。ウェットスーツやボンベは雨漏り対策だ。

スペック

最高時速	134 km/h
加速時間（0～96 km/h）	22.9 秒
エンジン	直列４気筒
排気量	1098 cc
総重量	800 kg
燃費	11.6 km/L

1973~82年 イギリス

アレグロ「ヨーロッパ随一のカルト車」

噂に反してエンジンは頑丈だから、普通に乗っていればそうそうは壊れない。

未完の仕事

アレグロはツキもなかった。英産業界が荒れていた当時、車工場の労働者もストを決行。アレグロに限らず、多くのクルマが作りかけのまま生産ラインの上で放っておかれた。

何でも話題になればいい、というものではない。四角いステアリング・ホイールは斬新だったかもしれないが、正直、意味がわからない。案の定、2年でボツになった。

エントリーモデルのエンジンは普通タイプのAシリーズだが、上級モデルにはオーバヘッド・カム・シャフトの強力なEシリーズを搭載。だがトランスミッションはおぞましい代物で、オイルがすぐに切れ、ギアを変えづらく故障しがちだった。

ハイドラガス・サスペンションのおかげで、乗り心地はなかなか滑らか。ところがサスペンションのパイプがサビつき、液漏れを起こす問題が発覚。夜はなんともなかったのに、朝に見たら片側のサスが潰れていた、なんていうことも。

デザインの初期段階では、しゃれたクーペタイプだった。ところが使用するエンジン（マキシと同じもの）とヒーター、ハイドラガス・サスペンションの関係上、行きついたのは妙に車高が高く幅広で、もっさりとしたこの形。はっきり言って、ブタだ。

オースチン・マエストロ
AUSTIN MAESTRO

引退を迎えるアレグロとマキシに代わるクルマとして、オースチン・ローバー社が期待をかけていたのが、これ。だが結果は端から見えていた。オースチン社のデザイナー諸氏は消費者の好みがまるでわかっていなかったらしい。車高がやけに高く、ガラスがやけに大きいこのお姿。英モーター・プレスがつけたあだ名は、ローマ法王の謁見用車「ポープモービル」。長く乗りこんでも、出てくるのは味ではなく、あらばかり。リア・ホイールアーチ周りのサビがひどいうえ、年代物のエンジンのパフォーマンスに見るべきものは何もなかった。

最上級クラスのバンデン・プラ・モデルには、ダッシュボードにボイスアラームを搭載。油圧が低下したり、ガソリンが残り少なくなったりすると、ニュージーランドの女優ニコレット・マッケンジーの声でご丁寧に注意してくれた。シートに座る前から「シートベルトをしろ」と怒鳴られもした。

1989年のマイナーチェンジでディーゼル・モデルも登場したが、これがまた悲惨な代物だった。ところが欠点だらけにもかかわらず、英市民はなぜかこのクルマを生かし続けたのだから不思議。ローバー社はローバー200に切り替えようとしたのだが、根強いファンがそれを許さず、見かけも不格好なら中身も最低のくせに95年まで生産された。

座席につく前からボイスアラームが『シートベルトを締めろ』とわめき出す

スペック

最高時速：155 km/h
加速時間（0～96 km/h）：12.3 秒
エンジン：直列4気筒
排気量：1275 cc
総重量：868 kg
燃費：12.4 km/L

←だましの巧さがマエストロ（匠）ということか？　ステアリング・ホイールを握れば、そのひどさはすぐにわかるのに……。

マエストロ「英国に愛された負け犬」

無駄なテクノロジー

最新テクノロジーを無理に取り入れようとしたのだろう。ボイスアラーム機能付きのモデルもあった。ただし、誤作動が当たり前。

欠点のオンパレードのくせに、マエストロは生きながらえた。最終モデルの生産は1995年、デビューからじつに12年後のことだ。その頃には、見ているこちらが恥ずかしくなるくらい古めかしいスタイリングだったのは言うまでもない。

グレードは外見ですぐにわかる。上級モデルはボディと同色のプラスチック製フェンダー付き。ベーシックモデルは黒の鋼製だ。

エンジンは最低の1.6L／Rシリーズ、古くさい1.3L／Aシリーズ、耕耘機みたいな音がするディーゼルの３種類。どれもひどかったが、少なくともトランスミッションはまずまず。フォルクスワーゲンからの借り物だったが……。

塗装、とりわけメタリックの仕上げが最低で、とにかくサビついた。マエストロの名が泣くとしか言えない。特にひどいのが、リア・ホイールアーチとドア。ヒンジの金属疲労のせいでドアが落ちるという、ありがたくないおまけつき。

スタイリングは、デビュー当初から自慢できる点にあらず。ホタテ貝を思わせるサイドのへこみ、団子っ鼻を思わせるリアエンド、やけに大きなガラス。ライバル車らと比べると、時代遅れの匂いがぷんぷんした。12年も生きたのが不思議でならない。

オースチン・マキシ
AUSTIN MAXI

狙いは悪くなかった。ヨーロッパ市場に次々と現れたライバルに対抗できる５ドアのハッチバックが欲しかったブリティッシュ・レイランド社は、５人家族に喜んでもらえる、どこよりも使い勝手のいいクルマを作ろうと考えた。発想は素晴らしかったのだが、最大の失敗はそれをまるで実行に移せなかったところにある。10歳児が組み立てたかと思うほどお粗末な立てつけはもちろんだが、運転していて楽しくないのも不人気の要因だ。

エンジンはパワー不足で、カムチェーンがたびたび破損。初期モデルはトランスミッションのシフト・リンケージにワイヤーを使っていたため、それが伸びてギアチェンジがしづらく、壊れやすかった。後にオートマに変わったが、出来に大差はなかった。

それでもこのクルマ、かなり実用的ではあった。この点だけを考えれば、ブリティッシュ・レイランドはルノー・セニックやボグゾール／オペル・ザフィーラなど、現在のミニバンの産みの親と言えなくもない。ただ例によって例のごとく、せっかくのいいアイデアも作りの悪さ、統一性に欠けるデザイン、悪しき伝統の合議制のせいで台無しに。それに追い打ちをかけたのが、たび重なる労働者のストライキだった……。

MAXI
What goes on top of most cars goes inside a MAXI

↑「普通はルーフの上。でもマキシなら楽々と中に」──なるほど。それで雨も中に入ってきて、足下がいつもびしょびしょだったのか！

10歳児が遊びで組み立てたかと思うほど詰めが甘い

スペック

最高時速：144 km/h
加速時間（0〜96 km/h）：15.8 秒
エンジン：直列４気筒
排 気 量：1748 cc
総 重 量：972 kg
燃　　費：10.6 km/L

マキシ「世界初のミニバン」

この手の初期型のトランスミッションには、シフト・リンケージにワイヤーを使用。後にロッドに変更され、かなりましになったが。

居住空間が広く、快適だったのは確か。開発にちゃんと時間をかけ、まともなエンジンを積んでいれば、いいクルマにできたはずなのに。いかにもブリティッシュ・レイランドらしく数々の手抜きをしたため、開発を急いだツケを払う結果に。

ブリティッシュ・レイランド車のご多分に漏れず、マキシもサビ車だった。特にひどかったのがシル、ホイールアーチ、フロア、ドアで、ほとんどのクルマが若くして老け込んだ。

舵取りは1人でいい

合議制を敷いたブリティッシュ・レイランド社。それもマキシをダメ車にした原因のひとつ。「船頭多くして船山に登る」の典型。

英国初のハッチバック車。ブリティッシュ・レイランドは鼻高々だったに違いない。内装には工夫が凝らされており、シートを倒せばダブルベッドに。ただ、そこにばかり時間をかけすぎたのか、その他の機能がおろそかにされてしまったのが残念だ。

エンジンとトランスミッションの組み合わせは悲惨としかいえない。前者はひどい排気ガスと騒音で知られるブリティッシュ・レイランドEシリーズ。後者は固くてギアチェンジがしづらく、しょっちゅう故障した。

シボレー・カプリス
CHEVROLET CAPRICE

エキサイティングな運転をお求めなら、このクルマはお勧めしない。サスがぐにゃぐにゃで、のろのろ運転でないと曲がらないうえ、作りも衝撃的なまでにお粗末。ほぼ全モデルとも、トリムは俗悪なプラスチック製で、サビもひどい。ステーションワゴンのサイドには、ご丁寧に醜い偽ウッドパネルまで付いていた。

にもかかわらずカプリスは生きながらえ、後にV8エンジン搭載モデルも登場。80年代後半にはモデルチェンジをへて、カプリス・クラシックと名を変えた。確かに速度は上がった。だがカーブは相も変わらずの大回りで、路面のでこぼこはひとつ残らず拾うし、そのたびに激しい揺れがシートの尻を直撃と、乗り心地の悪さは変わらなかった。その走りに負けないくらいひどいのが見かけで、のっぺりしたデザインは平凡極まりない。

悪口ばかりはかわいそうだから、少しは擁護も。当時、クルマの性能は概してこんなもので、ライバル車と比べて際立って劣っていたわけではない。ただ問題はこの外見で、ありきたり感を増大するシボレーのエンブレムと相まって面白みがまったくない。70年代の米自動車界に吹いていた臆病風の産物だ。

1990年にモデルチェンジがあり、見かけだけは先代に比べてかなり良くなった。ただ、運河を渡る船並みの揺れは変わらなかったが。

スペック

最高時速：162km/h
加速時間(0~96km/h)：13.9秒
エンジン：V型8気筒
排気量：5002cc
総重量：1829kg
燃費：5.3km/L

カプリスの作りは衝撃的なまでにお粗末

←エンジンは悪くなかった。GMの経験と実績に裏打ちされたスモール・ブロックV8はまさにクラシック。他があまりにもつまらないのが惜しい。

カプリス「シェヴィーの地味代表」

没個性が特徴のカプリス。おかげでハリウッドからちょくちょくお呼びがかかった。FBIの私服捜査官が駆るクルマといえば、これ。

無駄なテクノロジー

欠点が星の数ほどあり、足回りもどうしようもないにもかかわらず、なぜか90年代まで生産。しかも米自動車誌『モータートレンド』のカー・オブ・ザ・イヤーに2度も輝いているのだから、驚きだ。

フロアはサビがひどく、特にサビ止めの吹きつけが不充分な箇所はボロ化が早かった。フロントパネルも同じで、トランクリッドやドア、フロントウィングにもあっという間に穴が開いた。

エンジンは唯一の取り柄、になるはずだった。搭載予定だったGM自慢のV8はパワフルで活きが良かったのだが、排ガス規制で待ったがかかり、生産が始まる頃には悲しくなるくらいに性能を落とされてしまった。

外見に勝るとも劣らず、内装も魅力に乏しい。ダッシュボードは安っぽいプラスチック製で、色は靴磨きクリームを思わせる茶が主流。上級モデルは、偽ウッドパネル付き。

運転のしづらさは群を抜いている。ステアリングは不正確で、サスはふにゃふにゃ。歩くよりも速いスピードでコーナーに入ろうものなら、タイヤが必ず悲鳴を上げるという情けなさ。

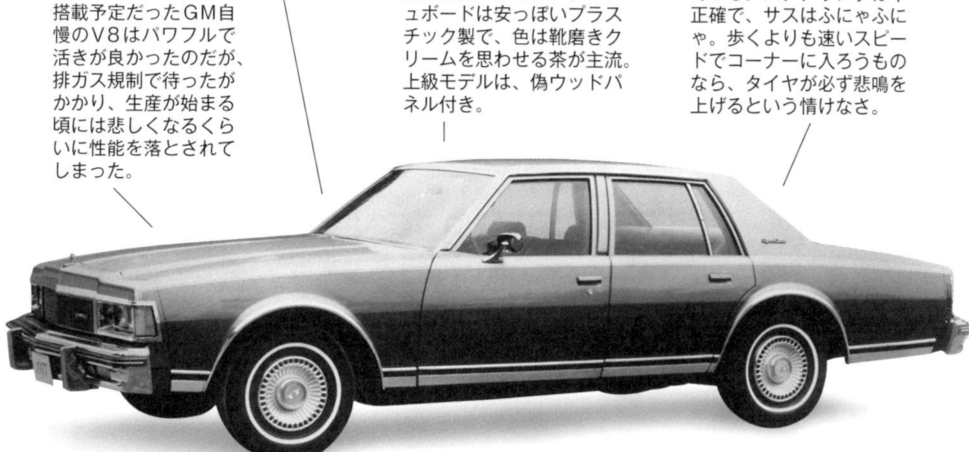

シボレー・サイテーション
CHEVROLET CITATION

モダンな作りとスタイリングにハッチバックの魅力を兼備。ヒットは約束されていたし、実際に売れた。だが、そこそこの数が出たというだけで名車にはならない。元オーナーの多くも激しく同意するはずだ。

数ある欠陥のひとつが、何の前触れもなく効かなくなるブレーキ。ステアリングブッシュの劣化も早く、おかげでコーナーリングはまさに運任せ。

注文が殺到し、生産を急いだのがあだとなり、製品の品質低下という最悪の結果を招くことに。多くは底部にサビ止めの吹きつけ処理をせずに出荷されたため、かなり若くして老化の象徴たるサビに見舞われた。

内装も大差なくて、パネルは安っぽい、ぺかぺかしたプラスチック製。ベーシックモデルはさらにひどく、シートがなんとビニル張りで、うっかり日向に停めようものなら、脚が溶けるくらい熱くなった。

それでもいい点はある。スタイリングには、80年代を迎えるにあたって珍しく斬新さを打ち出そうとしたシボレーの思いが感じられる。セダンが市場にあふれるなか、あえてハッチバックを投入した気概も買いたい。

ステアリングブッシュの劣化が早く、コーナーリングはまさに運まかせ

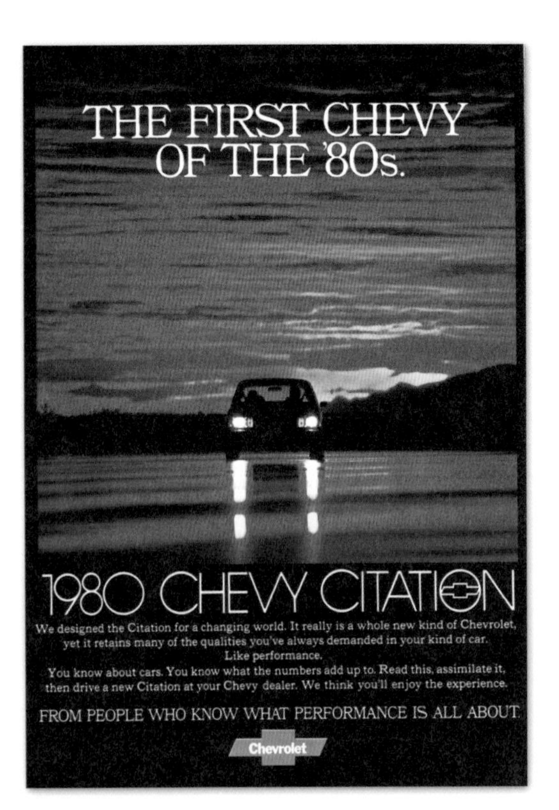

THE FIRST CHEVY OF THE '80s.
1980 CHEVY CITATION
We designed the Citation for a changing world. It really is a whole new kind of Chevrolet, yet it retains many of the qualities you've always demanded in your kind of car.
Like performance.
You know about cars. You know what the numbers add up to. Read this, assimilate it, then drive a new Citation at your Chevy dealer. We think you'll enjoy the experience.
FROM PEOPLE WHO KNOW WHAT PERFORMANCE IS ALL ABOUT.
Chevrolet

←シボレー社はきっと「パフォーマンスの意味を知る者たち」だったのだろう。が、少なくともサイテーションにはその知識が活かされなかった。

スペック

最高時速：193km/h
加速時間(0～96km/h)：9.2秒
エンジン：V型6気筒
排気量：2741cc
総重量：1080kg
燃費：6.4km/L

サイテーション「走るサウナ」

横から見ると、いかにもさえない。リアウィンドウが妙に上を向いているし、バックドアが長すぎ。おかげで全体のバランスが悪いことこの上なし。

GMの役立たず

当初、生産が注文に追いつかず、納車まで9カ月も待たされた客も。しかもようやく納車されたはいいが、サビつくわ、ブレーキは壊れまくるわ。長らく待った末に欠陥車をつかまされた人々の心中、察するに余りある。

ハンドリング性能も自慢できず。スロットルオフでコーナーに入ればオーバーステアになるし、サスペンションがやわで、ステアリングも軽すぎるせいで、まともにコーナーを攻めるのはまず不可能。

エンジンは燃費のいい6気筒だったが、性能はさっぱり。ちっとも回らないし、オイルを食い過ぎるのも問題。

そんなに焦って作らなくてもよかったのに。とにもかくにもサビがひどく、おかげで米モーター界屈指の欠陥車との不名誉な称号を手にすることに。

ブレーキの故障も頻発。ブレーキホースと油圧装置に問題があり、時にぞっとするくらい効きが悪くなることも。

シボレー・ノバ
CHEVROLET NOVA

ノバは名車になれたかも、いや、なれるはずだった。スタイリングは当時の流行を取り入れていたし、居住スペースも広く、まずまず経済的だった。ところがそんな長所も、コスト削減を打ち出したGMの方針のせいで台無しに。6気筒エンジンを積んだファミリー向けのエントリーモデルは、装備がごく基本的なものしかなく、キャビンは全面黒のプラスチック製。クルマに乗っているというより、気分は修行部屋の僧侶だ。パネルのプラスチックはすぐに外れて落ちるわ、オイルは大量に食うわ、たいして乗ってもいないのにリア・ホイールアーチまわりがサビつくわ……。発売から間もなく、評判は地に落ちた。

おまけにトランスミッションとシリンダーヘッドの故障の苦情も相次ぎ、なぜかフロアパンがサビることも判明。悪評に追い打ちをかけた。V8エンジンを積んだスポーツモデルSS396は面白いクルマだったのだが……。

SSはセクシーと言えるほどしゃれていたが、他のモデルがことごとくぱっとしないのでは、ノバ全体の人気の底上げに至らなかったのも致し方ない。

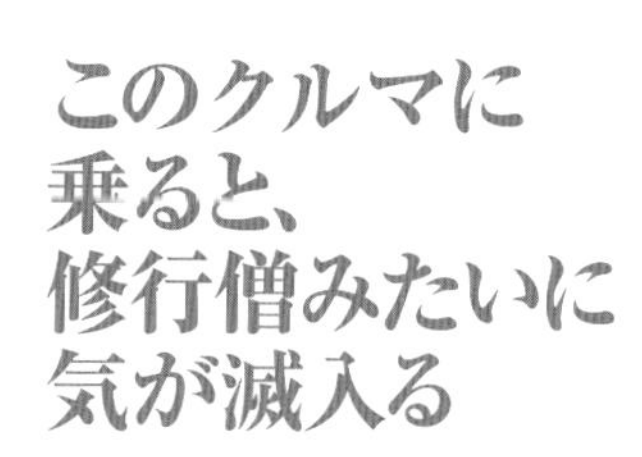

このクルマに
乗ると、
修行僧みたいに
気が滅入る

スペック

最高時速：181 km/h
加速時間（0～96 km/h）
：10.0秒
エンジン：V型8気筒
排気量：5001 cc
総重量：1562 kg
燃費：7.2 km/L

←「限界に挑戦」するには、鋼の神経が不可欠。売り文句とは裏腹に、走り屋向けのクルマではない。

ノバ「修行僧の気持ちがわかるクルマ」

無骨なところはいい。ボンネット内の配置がシンプルで、メンテナンスはわりとしやすかった。

クルマなのに「進まない」?

ヒスパニック系の多いアメリカ南部とカリフォルニアでは、笑いものにされた。「ノバ(No Va)」は、スペイン語で「進まない」の意味だからだ。

ステアリング性能に見るべき点はなし。もっとも、70年代のアメリカにはサスペンションがぐにゃぐにゃで、ドライバーの思いどおりにはまず曲がらないセダンが他にも山ほどあり、それらと比べて特に劣っていたわけではない。サスペンション・ブッシュの劣化が早く、すぐにヘタるのは問題だったが。

どういうわけか、フロントはサビに強いくせに、リアはびっくりするくらい弱かった。違うモデルの前後をくっつけたかと思うほど。

外見はいいが、中はチープそのもの。パネルはぺかぺかですぐに壊れるプラスチック製。黒のPVCシートは日向に置いておくと異常に熱くなり、うっかり肌を触れると火傷の危険も。

6気筒で燃費もまずまずのエンジンは、懐事情の厳しい消費者の目を引いた。だが実は、ガソリンはそうでもないくせに、オイルはがばがば食うという厄介ものだった。

ダットサン120Y

DATSUN 120Y

モーター業界に日本の名を初めてくっきりと刻んだ120Y、別名「サニー」。わずか4年で、ヨーロッパとアメリカで販売台数240万台という驚異的な数字を残した。低価格でそこそこ走ると評判で買い得感はあったからだが、しばらくすると化けの皮がはがれ、期待を裏切られたオーナーたちが不満を爆発させた。

確かにエンジン類は丈夫だが、サビ対策がなんともお粗末で、中古車市場ではサビの王様として知られることに。特にひどかったのがシル、トランクフロア、ファイアーウォール、サブフレームで、あっという間にサビにむしばまれた。その速さたるや、猛烈な勢いで家の柱を食い尽くすシロアリ並み。

もっとも、斬新かつ精妙なデザインを施されたステンレス製のハブキャップは悪くない。無論、これだけでは取り柄にならない。外見にもそれくらい気を配っていればいいクルマになったのに、結果はご覧のとおり。どこから見ても不格好そのもので、ステーションワゴンに至ってはもはや惨劇。後部の貨物スペースだけ後から思いつきでくっつけたとしか思えない。

スペック

最高時速：145 km/h
加速時間(0〜96 km/h)：16.0 秒
エンジン：直列4気筒
排気量：1171 cc
総重量：791 kg
燃費：12.0 km/L

サビつく速さたるや、猛烈な勢いで家の柱を食い尽くすシロアリなみ

←ラリー車としてはまずまずの出来。だがハンドリングに難があり、悪路では腕の立つドライバーでも扱いに難儀するほど。

120Y「ダメ・デザインの見本」

４ドアセダンも醜いが、２ドアクーペがまたひどい。あまりの不格好さが逆に受け、今ではカルト的な人気も。

サビの日本チャンピオン

エンジン類は丈夫なのに、クルマとしての出来は最低。原因はサビ。みるみるうちにむしばまれ、オーナーの目の前でボディが無惨にも崩壊を始める始末。

サビはシャーシにとどまらず、多くが早くから無惨に変わり果てた姿に。フロントパネルのサビが特にひどく、ヘッドライトががたつき、落ちることもあった。

構造はシンプルで、サスペンションはリアがリーフ式、フロントが独立懸架式。ハンドリングは乾いた路面ではよかったが、雨中では扱いにくいことこの上なし。

問題がその存在を知らしめるまで、たいした時間はかからず。シル、フロアパン、リアサブフレームが真っ先に溶接工の世話になった。

パンフレットでは魅力的。カーラジオ、ヒーター、リクライニングシート、ヒーター付きリアウィンドウと豪華な標準装備。だが実車はチープ臭がぷんぷんで、仕上げも雑だった。

ダッジ・ダート
DODGE DART

　プリマス・バリアントの廉価版を、と考えたダッジ社が初のコンパクト・カーとして送り出したクルマ。だが当初からスタイリングは悪評だった。トランクはずんぐりしているし、フロントグリルは妙な形で、ヘッドライトの配置もバランスが悪い。ＧＴは走り重視と謳われたにもかかわらず、初期型にはなぜかＶ８エンジンを積まなかった（64年のＧＴモデルからV８に）。

　問題はこれだけではない。同世代のクルマのご多分に漏れずサビがひどく、直列６気筒エンジンは耐久性に難あり。さらに言うと、アメ車的には「コンパクト」だが、一般的にはまだまだ重かった。

　加えてエンジン・オイルが不足するとすぐにシリンダーに問題が生じるなど、ダッジ社が誇る最高傑作とはいかなかった。

　66年には、デザインを一新。ボディがより直線的になり、フロントグリルもまともなものに変更された。ややありきたり、とも言えるが。一方、信頼性に欠ける直列６気筒エンジンにはなぜか手を加えず、モデルチェンジ後も性能は以前と大差なかった。それを証明するように、ダッジは68年のＧＴＳをはじめ新型モデルをいくつか導入したが、売上は下がる一方だった。

　それでも、路肩でロードサービスの到着を待つ姿がまともになったのは確かだ。それがオーナーにとってはせめてもの救いか。

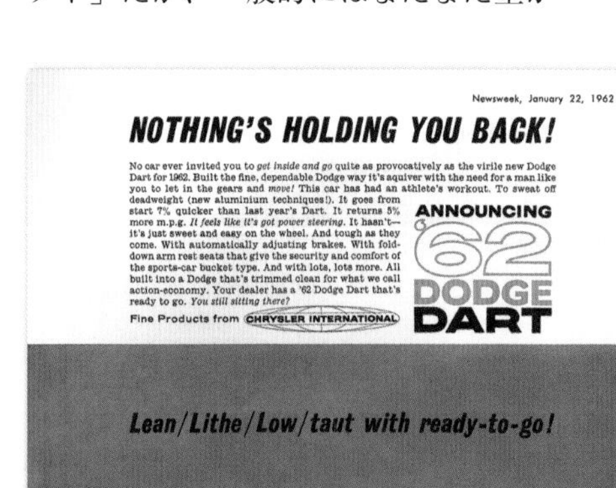

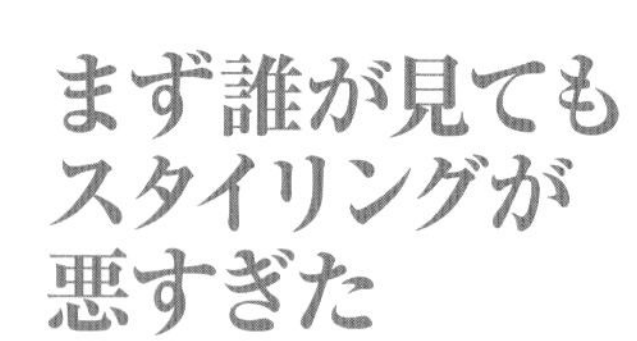

まず誰が見ても
スタイリングが
悪すぎた

スペック

最高時速：151 km/h
加速時間(0~96 km/h)：15.1 秒
エンジン：直列６気筒
排 気 量：2789 cc
総 重 量：1270 kg
燃　　費：7.3 km/L

←「ためらうものは何もない！」と自信満々だったダッジ。格好は悪いし、走りもさえないくせに、よくも言えたものだ。

ダート「小柄な重量級」

後期型は初代に比べて見られるようになったが、当初の悪い印象が強すぎたせいで、売上増にはつながらず。

どこから見ても、不格好そのもの。各部のデザインがバラバラで全体の整合性がまるで感じられないし、曲線も無理やりの感がぬぐえない。アメリカ市場では当時、スタイリッシュなクルマを求める声が大きかったのだが。

懐に優しいクルマだというから、ごく普通の性能は仕方ないとあきらめていたのだが。経済的なクルマといえば、一般には燃費がいいという意味。だがこのクルマは重すぎたため、その点もさっぱりだった。

広告に偽りあり

スポーティーな走りを約束するパフォーマンス・カーとの触れ込みだったくせに、それにふさわしい特徴が何ひとつないという摩訶不思議なクルマ。重くて扱いにくく、外見的にも颯爽感は微塵もない。

※写真は二代目ダート

ライバル車に比べてサビにはそこそこ強かったが、リアのスプリングマウント部は例外。リアのサブフレームの上によく水がたまるのも問題で、しかもここのサビがどの程度進行しているのかがわかりづらかった。

スプリングにしまりがないうえ、ホイールベースが長く、パワステが軽すぎるせいで、運転しづらいことこの上なし。思いどおりの取り回しは不可能で、スポーティーな走りの魅力はゼロ。

フィアット・クロマ
FIAT CROMA

コンパクト・カー作りには昔から定評のあるフィアットだが、大型サルーンとなると、話は別。クロマはもともとサーブ、ランチア、アルファロメオとの共同プロジェクトから生まれた1台で、プラットフォームはサーブ9000、ランチア・テーマ、アルファロメオ164と共用。にもかかわらず、クロマのさえなさは群を抜いている。外見ががっかりするほど平凡なら、趣味の悪いプラスチック製パネルやツイードを配したシートなど内装もぱっとしない。すぐにサビつくドアも問題だったが、それに輪をかけてひどかったのが電気系統。早々と問題が発覚したにもかかわらず、95年の生産打ち切りまで改善されなかった。ライトやヒーター、エンジンマネジメントのトラブルも頻発した。

普通は失敗から何らかの教訓を得るものだが、生産中止から10年後に突如復活したクロマにそれは生かされていない。現行モデルは変な格好の5ドア・ハッチバックで、“歴史は繰り返す”の言葉どおり、すべてにおいて並以下。

スペック

最高時速：179 km/h
加速時間(0~96 km/h)：10.8秒
エンジン：直列4気筒
排気量：1995 cc
総重量：1075 kg
燃費：9.6 km/L

電気系統は最悪でライトはつかず、ヒーターは効かなかった

上のイラストを見ればおわかりのとおり、どこを取っても普通。デザイン面に新しいアイデアは皆無。居住スペースはそこそこ広いが。

クロマ「フィアットのがっかり度ナンバーワン」

リアから見ると4ドアセダンだが、実は5ドア・ハッチバック。面白い。

フィアット・ラージ？

「フィアット・ラージ」の名前をボツにした英断だけは賞賛に値する。発売の数カ月前まで、マーケティング部隊は「フィアット・ラージ」で行く気満々だったらしい。

イタリア車のご多分に漏れず、キャビンのレイアウトは非合理的。スイッチ類の中には、どうしてこんなところに、と首を傾げるしかない位置についているものも。シートの位置もおかしなもので、脚が短く腕が極端に長くなければ、運転しにくいことこの上なし。

電気系統のトラブルがとにかく多かった。ダッシュボードの計器類は信用度ゼロで、数値を間違うばかりか、ありもしない故障までご丁寧に知らせてくれた。パワーウィンドウ、ブレーキランプ、ウィンカーもしょっちゅういかれた。

競争の激しい大型車市場で勝負するなら、イタリア伝統の派手さを打ち出す以外、フィアットに勝ち目はなかったのだが。デザインは平凡そのもの。高級感を出そうとしたらしいが、どこが、と言いたくなる。

サビ対策はほとんど頭になかったらしい。ボディパネルはあっという間にサビつき、ドア、ボンネット、ハッチバックの塗装がぼこぼこと泡状に浮くことも。

フィアット・ストラーダ（リトモ）

FIAT STRADA (RITMO)

「作るのはロボット。乗るのはバカだけ！」とコメディアンに揶揄されたクルマ。フィアット社は生産ラインの完全オートメーション化を図ったのだが、これが裏目に出た。とにかく作りの質が低すぎ。ロボットは内部防錆剤の「ワックスオイル」がうまく使えなかったらしく、サビつきがひどかった。さらに電気系統のトラブルも続発。マフラーの劣化もやけに早かった。

イタリアではセアト・ロンダ、他のヨーロッパ市場ではリトモの名で出回ったが、だまされてはいけない。呼称が何であれ、どれも故障だらけのダメ車なのだから。

８４年には「改良型」が登場。唯一の取り柄だったドアハンドルとフロント周りのデザインをわざわざ変えたくせに、出来の悪いボディパネルと水漏れには手を加えず、サビ問題は改善なし。モデルによっては「エコノメーター」なる計器も搭載。反エコ的な走りをすると、赤い警告ランプで注意してくれた。

←「ロボットが作っている」けれど、フィアット製だから安心、と言いたかったのだろうか。このキャッチコピーのせいで、相当数の買い手を逃したのは間違いない。

とにかく救いがたいダメ車だ

スペック

最高時速：140 km/h
加速時間（0～96 km/h）：15.6秒
エンジン：直列４気筒
排気量：1301 cc
総重量：900 kg
燃費：11.7 km/L

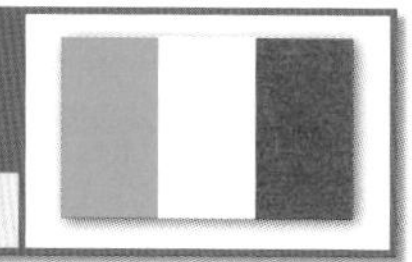

ストラーダ
「ロボットが作ったクルマ……だろうね」

コンバーチブル・モデルもあった。見かけはわりとかわいらしいが、ハッチバックと同じで作りは悲惨だった。

ロボット任せ

すべてロボットに任せたのは、致命的な判断ミスとしか言えない。いくらロボットとはいえ、これほどいい加減な仕事をして長らくお咎めなしとは、甘すぎる。

外側も最悪なら、内側も最悪。プラスチック製のインパネにも、薄い布製シートにも見るべきところはなし。しかもドアシールの出来が悪く水漏れがしたため、車内がいつも湿っていた。

スタイリングもいかにもぱっとしない。たとえるなら、フロントとリアを押しつぶしたオースチン・マエストロ。

運転して楽しいクルマではあった。エンジンは小型でも活きが良かったし、ハンドリングも楽しかった。スポーツモデルの130TCは、フォルクスワーゲン・ゴルフGTIにも負けない走りを提供。

さび、錆、もうひとつおまけにサビ。生産ラインのロボットの頭に、クルマをきちんと保護してから出荷するとの考えはなかったに違いない。ボディをはじめ鋼板の質は最低で、とにかくもろいクルマとして有名だった。

フォード・マーベリック
FORD MAVERICK

またしても、買った当初は悪くないと思ったのに、後でとんでもない代物とわかってがっかりさせられる１台。このクルマの問題は金属疲労。モデルは４ドア、２ドアとマーキュリー版、通称コメットの３種類。どれも色がけばけばしく、ルーフはビニル樹脂で、サビにめっぽう弱い。身の危険を感じるほど恐ろしいハンドリングとパフォーマンスの悪さは我慢できても、後に出現したサビ問題はそうはいかなかった。

あえて良い点を挙げれば、外見は人の目を引くと言えなくもない。少なくとも70年代、箱かと思うほど角張った他のアメ車に比べれば、個性はあった。格好いいとは口が裂けても言えないが、すぐにそれとわかったのは確か。もっとも、雨風にさらされた後で原型を保っていたら、の話だが。

スペック

最高時速：162 km/h
加速時間（0〜96 km/h）：15.4 秒
エンジン：直列６気筒
排 気 量：2784 cc
総 重 量：1084 kg
燃　　費：7.8 km/L

塗装はけばけばしく、ルーフはビニル樹脂だ

↑問題は山ほどあったが、なんといっても最悪はその外見。どこから見ても、救いようがない。

マーベリック
「戦慄のハンドリングと落胆のパフォーマンス」

写真は1973年製。いくらホイールを変えて、カスタムペイントにして、ルーフをいじっても無駄だと教えてやればよかったのに……。

楽しくはないが、安い

直列６気筒のエンジンは根性のかけらもなく壊れやすかったが、低価格だったのは事実。おかげで人気はあり、特に70年代のオイルショック中はよく売れた。

ライバル車の中では目を引いたとはいえ、売りにできるほどスタイリングがいいわけじゃない。特に不快ではないが、さほど特徴があるともいえない。２ドア版はリア・クォーターパネルが大きすぎるのも問題だった。つまり、それだけサビる面積が大きかったということ。

居住スペースは広かったが、乗り心地はいいとは言えない。キャビンは見るからに安っぽい黒のビニル製で被われ、夏場は火傷するほど熱くなった。

サスがぐにゃぐにゃだから、ハンドリングにも見るべき点はなし。ステアリングは曖昧で、特にフロントブッシュとシルが劣化すると、どうしようもないことに。

フロアパンに泥と水がたまりやすかったが、防サビ対策はないに等しかったから、放っておくとサビにむしばまれることに。

フォード・ゼファーMk.IV

FORD ZEPHYR Mk.IV

デビューから16年後に登場した、英国フォードの高級サルーンの最終モデル。４世代の間に大きな変化を遂げたこのクルマ、時代の流行に合わせたスタイリングが伝統で、初代は50年代セダンの丸っこいデザインをそのまま採用していた。その行きついた先がこれ。不条理なまでに巨大で整合性ゼロの鉄の塊だ。

テールが寸詰まりでノーズがやたらと長いこの姿を批評家連中が放っておくはずがない。空母じゃあるまいし、とたちまちバカにされた。さらに60年代のクルマらしく、鋼板もサビの餌食に。乗り心地は悪くなかっただろうし、上級モデルのエグゼクティブは文字どおりの高級車だったが、値段もそれなりに張った。

年寄りが腰を抜かし、子供が泣き出すクルマをお求めなら、コールマン・ミルン・ゼファー・エグゼクティブがお勧めだ。超がつくほどのレアものだが、探すだけの価値はある。全長が通常モデルより60cmほど長く、ドアは６枚で、ボンネットの先に銃の照準器を思わせるマスコットまで付いている。葬儀屋と地方のお偉方のお気に入りだった。

スペック

最高時速：166 km/h
加速時間（0〜96 km/h）：13.4 秒
エンジン：V型６気筒
排 気 量：2495 cc
総 重 量：1310 kg
燃　　費：7.4 km/L

不条理なまでに巨大で整合性を欠く鉄の塊だ

↑中はやたらと広かったが、上の写真を見てもおわかりのとおり、上級モデル以外は、高級感がたいしてなかった。黒のインパネはプラスチック製だし、ステアリング・ホイールの茶色には品のかけらもない。

1966~72年 イギリス

ゼファー「サーキットのそよ風ならぬ"あらし"」

写真は上級モデル。ホイールキャップとクローム仕上げが見分けのポイント。

バンガーレース場で夭折

Mk.IVの多くはバンガーレース場で早世した。ばかみたいに広いエンジンルームは、体当たりが信条のレースに打ってつけだったからだ。

この大きさだから、居住スペースはさぞかし広いとお思いだろうが、実はそうでもない。後部座席の足元は特に狭苦しかった。そこでフォードはお偉方用に全長を伸ばした「エグゼクティブ」モデルを新たに作るはめに。

なぜトランクをこんなにも小さくしたのだろう。おかげでバランスがやたらと悪いのに。荷物スペースが狭すぎて、スペアタイヤをボンネットの裏にしまうほど。エンジンルームには、無駄なスペースがやたらとあったのに。

ご覧のとおり、スマートさは微塵もない。妙に角張っていて、全体にアンバランス。それでいてエンジンはコンパクトなＶ６なのだから、こんなに長いノーズはいらなかったのに。

いくらサーキットを爆走するクルマではないとはいえ、コーナーリング性はあまりにも悪い。曲がるのが嫌かと思うほどステアリング・ホイールは効かないし、細すぎるタイヤもこの巨漢に方向転換を命じるには明らかに力不足。

現代ステラ
HYUNDAI STELLAR

人気のフォード・コルチナに対する韓国の回答。良きにつけ悪しきにつけ、コルチナとあらゆる面で肩を並べるクルマだった。箱みたいなスタイリングに、サスペンションはフロントがマクファーソン・ストラット、リアがライブアクスル――当然ながら、名車の座には端から縁遠かった。実際、特徴と呼べるものは皆無に等しく、おまけに足はふわふわで、ステアリングも予測不能とくれば、人気が出るわけがない。それでも値段のわりに中が広くて快適だったから、ヨーロッパの中流層にそこそこは受けた。

ところが間もなく、リアスプリングマウントがサビでいかれ、ドアが酸化鉄の固まりと化し、三菱丸写しのトランスミッションはバックを拒むことが判明。オーナーたちはだまされたと嘆くことになった。

ただしこのように欠点だらけだが、このクルマ、モーター業界史的には重要な１台だ。このクルマで現代はヨーロッパ市場の門をたたき、現在の地位を獲得するに至ったのだった。

とはいえ、その史実を除けば見るべきものはない。ステラが出発点だったのは、現代にしてみれば消し去りたい汚点に違いない。

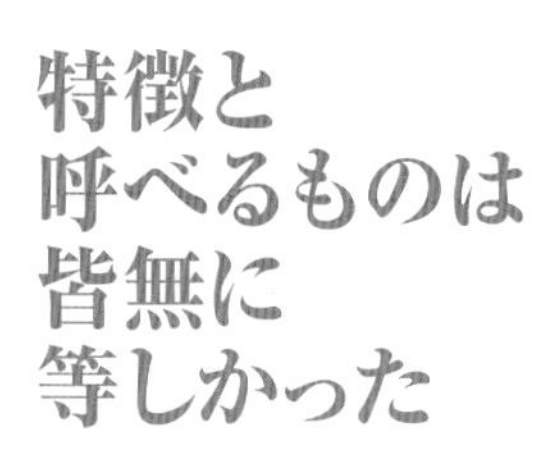

スペック

最高時速：160 km/h
加速時間（0～96 km/h）
：14.7 秒
エンジン：直列４気筒
排 気 量：1597 cc
総 重 量：1003 kg
燃　　費：10.4 km/L

←月面に着陸したステラ。運転手はきっと路面の濡れたロータリーで激しくスピンし、気づいたら月に降りていたのだろう。

ステラ「きら星にはほど遠い」

一部に熱狂的に支持されたステラ。値段が安く、トランクがかなり広いため、タクシーの運転手に人気だった。

輝かしいまでの高品質？

現代が国際市場デビューを飾ったクルマではあるが、見るべき点はない。韓国がヨーロッパ人の好みをつかむには、まだしばらくかかった。

ヨーロッパ人の好みがまるでわからなかったのだろう。キャビンのデザインはひどすぎる。配置は悪くないが、素材が最悪。ただ、ナイロン張りのシートは一興。助手席の人の髪の毛が静電気で逆立つからだ。

リアアクスルにコイルスプリングを組み合わせるにあたって、フォードは予測不能なオーバーステアが起きないように研究を重ねた。現代はそこまで考えなかったのだろう。このクルマ、凍った路面では酔っぱらったフィギュア・スケート選手かと思うほどくるくる回った。

外見と同じく、中身のエンジンも特徴はゼロ。ベースは三菱製で、馬力満点でも根性なしでもなければ、燃費が格別良くも悪くもない。何から何まで月並み。

見かけの平凡さも、ボディのサビに比べればまだましで、ホイールアーチ、シル、ドアボトムが特にひどかった。下取り価値はないに等しかったから、わざわざ直してまで乗る人はほとんどいなかった。

ジェンセン・ヒーレー
JENSEN HEALEY

政略結婚から生まれたクルマ。ジェンセン社を窮地から救い、ヒーレー社を生きながらえさせるはずだったのだが、蓋を開けてみれば、少量生産の英メーカーにありがちな、煮ても焼いても食えないひどい代物だった。1972年に登場したこのクルマ、オープン2シーターで、エンジンはロータス、駆動系はボグゾールVIVA、トランスミッションはクライスラー、ボディは職工による手作りで、組み立てはすべて英ウェスト・ミッドランドのジェンセン工場で行われた。

パーツのうち問題がなかったのはVIVAのサスペンションとステアリングだけで、あとは故障ばかり。ロータスのエンジンはしょっちゅうオーバーヒートを起こしてシリンダーヘッドを歪めたし、クライスラーのトランスミッションはパワーに比べて脆弱で、ボディはグリットソルトまみれのひと冬でボロボロに。だがいちばんの問題は、外見からカリスマ性が感じられない点だった。

スタイリングを悪くした元凶はアメリカの道交法にある。車高を無理やり上げられ、いかにも野暮ったいプラスチック製のバンパーを前後につけられた。おかげでしゃれた2シーターになるはずが、これでは顔の潰れたカエルだ。おまけに黒いバンパーは直射日光にめっぽう弱く、すぐに歪んでぐらぐらに。おかげでダメ車の系譜に名を連ねることになった次第。

格好いいどころか、これでは顔の潰れたカエルだ

↑ロータスのエンジンを積む関係上、フロントを高くするしかなかったことがわかる。

スペック

最高時速：200 km/h
加速時間（0〜96 km/h）：8.8秒
エンジン：直列4気筒
排 気 量：1973 cc
総 重 量：1053 kg
燃　　費：8.5 km/L

1972〜76年 イギリス

ジェンセン・ヒーレー「ウェスト・ミッドランド生まれの雑種」

ルーフ付きは、ますますみっともない。垂直に近いフロントガラスも、スポーティーさをなくしている。

英国の雑種

他メーカーのパーツを寄せ集めたクルマで、見かけも乗り心地も雑種そのもの。まともに働いたのは、ボグゾールVIVAのサスペンションとステアリングだけだった。

サビるのも早かった。品質管理がなっていなかったのと、コストをけちり、安い素材しか使わなかった証だ。いちばんの餌食がドアで、続いてリア・ホイールアーチ、フロアパン、トランクリッドがサビついた。サスペンション・マウントまでやられたのだから、恐ろしい。

エンジンを他メーカーに売りつけることでどうにか金を稼ごうとしていたロータス社にとっては、願ったり叶ったりの存在だった。だがエリート／エクラと同じく、この2.0L／16バルブのエンジンはひ弱もいいところで、すぐにオーバーヒートを起こしてシリンダーヘッドをダメにした。

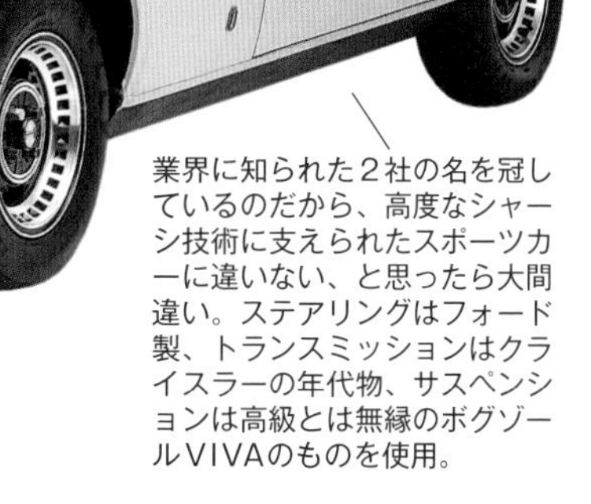

ジェンセン社とヒーレー社のコラボだから、斬新かつ美しいデザインを期待した人もいただろうに。蓋を開けてみれば、斬新でもなければ美しくもない代物だった。アメリカの道交法のせいで、車高を当初のデザインよりも上げられたのもよくなかった。スポーツワゴンのGTは、さらにバランス悪し。

業界に知られた２社の名を冠しているのだから、高度なシャーシ技術に支えられたスポーツカーに違いない、と思ったら大間違い。ステアリングはフォード製、トランスミッションはクライスラーの年代物、サスペンションは高級とは無縁のボグゾールVIVAのものを使用。

ラダ・サマラ
LADA SAMARA

再生産されたフィアット124を量産し続けたアフトヴァース社（海外ではラーダで通っている）が創業から30年、初めて送り出した新型モデル。遠目では、なかなかいい感じに見える。まずまずモダンで、４人が楽々と座れるし値段も手頃。だが悲しいかな、発売から間もなく、前任車と何ら変わっていないことが判明した。安いだけで、オーナーに中古屋を探せばよかったと思わせる残念カーだ。

安っぽい内装は１カ月ともたずに壊れだしたし、トランスミッションの出来は最悪もいいところで、ボディは小指で突いてもへこみそうなくらい薄かった。後年モデルには、ヨーロッパの排ガス規制に合わせて触媒コンバーターを搭載。つまりエンジンがコンピュータ制御になったわけだが、このコンピュータの性能がまた悪く、おかげで多くのクルマが早死にした。

まだある。これに乗るには、サーカス団員並みの技が必要とされた。一般的な体格の持ち主に許されるドライビング・ポジションは、たったふたつ。シートを下げ、両腕を思いきり伸ばし、両膝を耳の高さまで折り曲げるか、シートを上げ、両脚を思いきり伸ばし、顔面の目の前でステアリング・ホイールを扱うかだ。

にもかかわらず、地元ロシアではいまだに現役で、1.5Ｌモデルは人気車というから驚きだ。

スペック

最高時速：137 km/h
加速時間（0～96 km/h）：14.1 秒
エンジン：直列４気筒
排気量：1100 cc
総重量：895 kg
燃　費：12.0 km/L

ふつうの体格の人間が運転できるポジション2つしかなかった

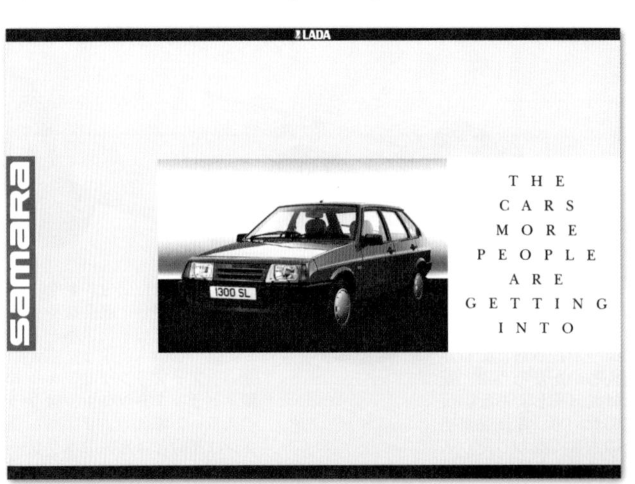

LADA
samara
1300 SL
THE CARS MORE PEOPLE ARE GETTING INTO

←謳い文句は「みんながはまるクルマ」。それが本当なら、このパンフレットが出てからたったの２年後、ヨーロッパ市場への輸出が止まったわけを聞かせてほしい。

サマラ「サーカス団員の御用達？」

最安グレードは３ドア・ハッチバック。見かけはわりとモダンだが、乗ればー発でわかる。その性能にはモダンのかけらもない。

ロシアより愛を込めて

ロシアでは現在、この4ドア／1.5Lモデルが一種のステータスシンボルらしい。それで共産主義は死んだと言われても……。

キャビンのデザインもさえなかった。プラスチック製のパネルはチープ感たっぷりで、ワンピースモールドのダッシュボードは立てつけが悪く、すぐにがたついた。フォグランプとリアウィンドウ・ヒーターのスイッチがやけに大きく、しょっちゅう取れるのも困りものだった。

アフトヴァース社初のＦＦ車だったが、ハンドリング性は悪く、それまでのＦＲ車と大差なし。おまけにギアチェンジはしづらいわ、エンジン音はうるさいわで、運転は不愉快そのもの。

最新技術とデザイン性が売りで、ノーズもリーヴァよりは空気力学を考えたデザインになっている。だが丸みを帯びたスタイリングはコストがかさむため、フロントウィングはフラットなデザインに。結局、「空気力学」的な要素はポリウレタン製のモールディングだけだった。

外見も中身と大差なく、プラスチックのトリムは驚くほど簡単に取れ、パネル間の隙間もクルマによってまちまち。英輸入業者はわざわざ組み立て直してから売ったとの噂も。工場出荷のままでは恥ずかしくて売れないクルマ？　ありえない。

ランチア・デドラ

LANCIA DEDRA

当時、ランチア社は悪評を払いのけようと必死だった。ここのクルマはサビにめっぽう弱いというのが70年代後半から80年代前半、欧州市場での常識だったからだ。そこで登場したのが、このデドラ。防サビ対策は万全で、冬場、グリットソルトを浴びたまま放っておいてもぴかぴかだった。ところが悲しいかな、サビ対策に力を入れるあまり、他のごく当たり前の事柄にまで気が回らなかったらしい。いくら鋼部品が長生きしても、動かなくなってしまえば、何の意味もないのだが。

さらに言うと、確かにサビはしなかったが、電気系統の問題が相次ぎ、しょっちゅう止まった。おまけにサスペンションはガタガタで、ステアリング・ホイールも言うことを聞かないという困りものだった。

ターボモデルもあったが、手を出したのは相当の変わり者だったに違いない。直線はやたらと速かったかもしれないが、ハンドリングは通常モデルと何ら変わらず、その欠点を自ら浮き彫りにする結果になった。

見事なまでに期待に背いたこのクルマのおかげで、ランチア社は失地回復どころか、さらなる窮地に追い込まれた。1995年、外見の洗練度をぐっと増した新型モデルが出なければ、ランチアは潰れていたかもしれない。

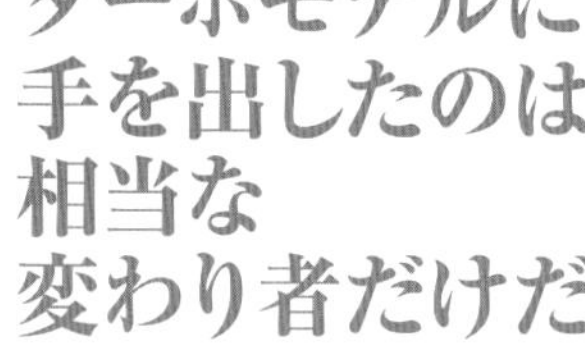

ターボモデルに
手を出したのは
相当な
変わり者だけだ

スペック

最高時速：202 km/h
加速時間（0～96 km/h）：10.0 秒
エンジン：直列4気筒
排 気 量：1995 cc
総 重 量：1247 kg
燃　　費：10.6 km/L

←イメージを一新するべく、デドラなら「ヨーロッパ随一の悪路も制覇できる」と言い切ったランチア。だがあいにく、悪路では乗り心地の悪さがなおさら際立つことに。

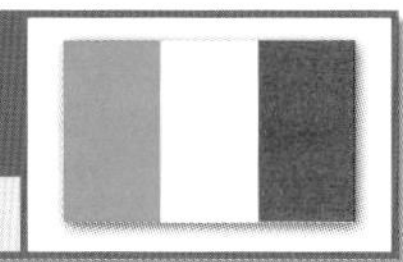

1989〜95年 イタリア

デドラ「絶対にサビないクルマ」

見かけも作りもそれまでのランチア車に比べて格段に上なのだが、走りはゴミも同然。残念だ。

見かけはいいかもしれないが……

ボディの耐性（素晴らしい仕事ぶりだ）と美しさにこだわったばかりに、中身の信頼度と性能というささいな点がおろそかに。

イタリア車はたいてい内装のクオリティが低いが、このデドラはとりわけひどい。プラスチック部品の出来は最低だし、内側のドアノブがしょっちゅうもげ、降りるのにいちいち窓を下げて外側のノブを引くしかなかった。

昔からハンドリングの良さには定評のあるランチア。それだけにハンドリングに問題のあるデドラの人気は低かった。路面のでこぼこをいちいち拾ううえ、グリップはいいが、ステアリング・フィードバックはないに等しく、プラットフォームもドライバーに運転感覚を味わわせる意味では、零点に近かった。

スタイリングは抜群にいい。見かけはおしゃれな高級ファミリー・サルーンだ。ところがそのエレガントな外面の下に、身の毛もよだつ恐怖が……。

信頼性にも難あり。エンジン自体はかなり丈夫だったが、電気系統が弱く、それが原因で多種多様なトラブルが起きた。エンジン・マネジメント・システムは気まぐれで、ガソリンの供給を勝手に止めることもしばしば。ヒーター、パワーウィンドウ、ライト類もよく壊れた。

ロータス・エリート／エクラ

LOTUS ELITE / ECLAT

1974年、ロータスはアバンギャルドなクルマを作ったと自負していたに違いない。だが世間にはプラスチックの派手な化け物としか見てもらえず、70年代の流行に対する無知ぶりをさらけ出す結果に。唯一の取り柄といえる2.2Ｌエンジンはパワフルで悪くなかったが、開発が不充分だったため、クーラントの液漏れによるオーバーヒートとヘッドガスケットの歪みが頻発した。

さらに多かったのが、主にサビついた接続端子が原因で起きた電気系統のトラブル。また、リトラクタブル・ライトが片方しか上がっていない姿をよく見かけるが、これは潤滑油の欠如による中の電気モーターの故障のせいだ。にもかかわらず、中では手頃な価格でロータス・オーナーになれるからか、いまだ熱狂的なファンがついているのだから面白い。

1980年代半ばにマイナーチェンジをし、やけに尖っていた角は丸みを帯びて、電気系の問題も改善された。ヘッドガスケットも改良され、長いことオーナーを悩ませてきた冷却系のトラブルもずいぶんと減った。つまり後期型の、特にエクラはなかなかのスポーツカーなのだが、当初の印象が悪すぎたのだろう。悪評の払拭にはついに至らなかった。

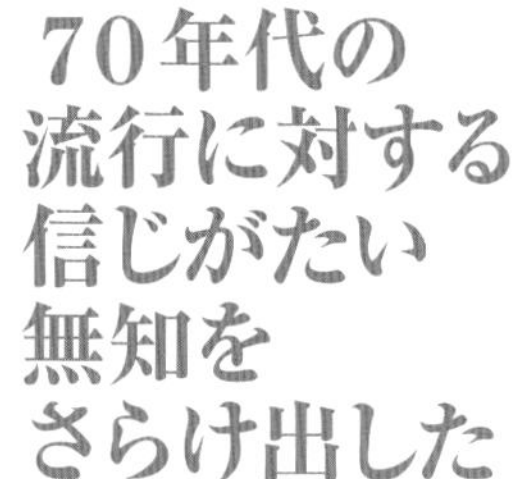
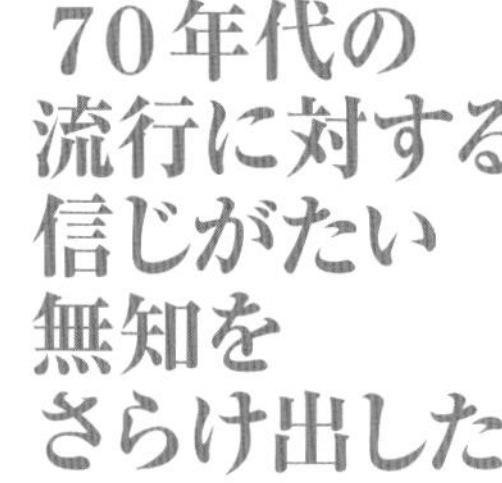
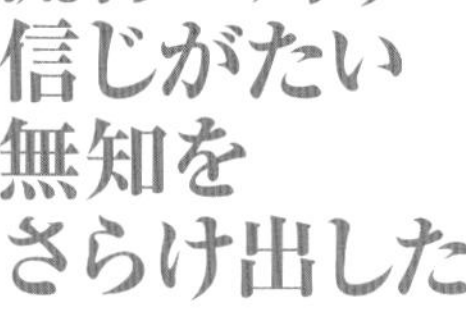

70年代の流行に対する信じがたい無知をさらけ出した

スペック

最高時速：200 km/h
加速時間（0～96 km/h）：7.8秒
エンジン：直列4気筒
排気量：1973 cc
総重量：1126 kg
燃費：9.9 km/L

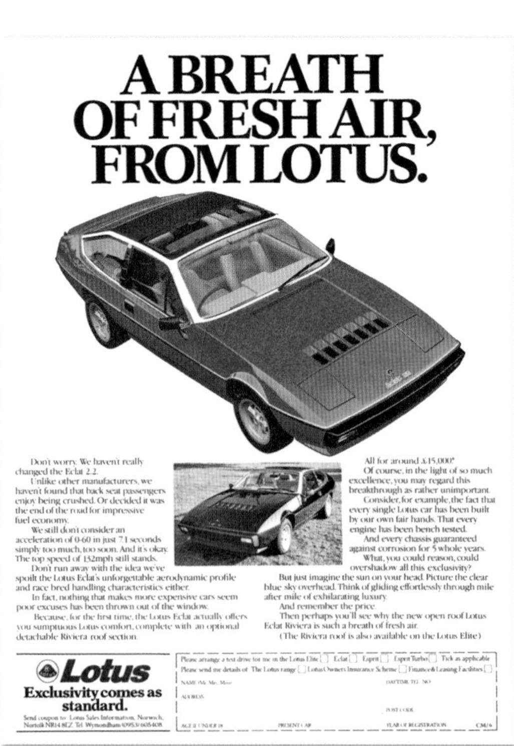

←ロータス社は「新たな息吹」を送ったつもりなのだろうが、シリンダーヘッドのひどい歪みに、町の修理工から出るのはため息ばかりだった？

1974〜91年 イギリス

エリート／エクラ「きみにも買えるロータス」

エクラはセダン的装いに無理があるが、エリートはステーションワゴン風で、より実用的。

発展途上

70年代のエリートとエクラはまだまだ無骨で、スタイリッシュさに定評のある子孫たちとは似ても似つかない。だが80年代にロータス社がふんだんに金をつぎ込んだ結果、エクラは相場以上に価値あるクルマになった。

70年代はウェッジシェイプ、つまりくさび形が大流行したが、エリートとエクラは端から古くささが否めなかった。しかも個性がありすぎるため、次第に見飽きられてしまったのも事実。おまけにファイバーグラス製のパネルはよくひび割れた。

エンジンは特別に開発された16バルブの新型を搭載。ただ信頼性は高いとはいえず、特に初期モデルは厳しかった。よくオーバーヒートを起こしてシリンダーヘッドが歪んだし、ヘッドガスケットのトラブルも頻発した（修理費もかさんだ）。

取り柄はとにかく目立つことで、その点は内装も同じだ。シートのデザインが独特で、ダッシュボードは全面スウェード張りという凝りよう。スイッチ類はフォードかブリティッシュ・レイランド製だが。

両車とも、基本的デザインについては経費をかなりけちられているが、驚いたことにシャーシは精妙かつ剛健な作り。ファイバーグラス製ボディは、そのしっかりした構造を生かすべくデザインされている。

マツダ626モントローズ
MAZDA 626 MONTROSE

スコットランドの田舎町の名をつけるのもどうかと思うが、最大の問題は他にある。大人気車フォード・カプリ、コルチナに対抗すべく、マツダが目指したのはスポーツクーペだったが、出来たのは走りの良さとは無縁の626のシャーシに2ドア・サルーンの上物を載せただけの代物だった。

当時、部品を日本から取り寄せようと思ったらとてつもないコストを覚悟しなければならなかったが、その点、モントローズは大丈夫。理由は中身よりもボディが先にいかれたからで、特にサビに弱かった。オーストラリアとニュージーランドでは受けたが、それはどちらもサビに優しい気候だったから。いずれの国でもなかなかの売れ行きを見せ、なんと伝説のバサースト500の他、レースにまで出場している。レース仕様は公道モデルよりもはるかにコーナーリング性能が良かったが、それは土台に相当な改良を加えてあったから。昔々のレース写真にだまされてはいけない。

そもそもスコットランドの田舎町の名を冠するのが間違い

スペック
最高時速：171 km/h
加速時間（0～96 km/h）：11.7 秒
エンジン：直列4気筒
排気量：1970 cc
総重量：1075 kg
燃費：9.2 km/L

←スポーティーにするつもりだったのなら、内装にも少しは気を配ってもらいたいところ。黒いビニルと茶色のベロアはダサイのひとこと。70年代の一般的なサルーンと何ら変わらない。

モントローズ「日本版コルチナ」

これはスポーティ仕様。派手なステッカーに不格好なフロントスポイラー、アロイホイールが付いているのはそのため。マツダのツーリングカー・レーサーのレプリカだ。

幸先は悪かったが

モントローズでいきなりつまずいたが、マツダはひるまなかった。これ以降、今に至るまで、マツダのサルーンは安定性と作りの良さで知られている。

フォード・コルチナをまねたクルマだけに、土台も当然ながらフォード車にうりふたつ。リアアクスルはソリッドビーム式で、コイルスプリングを組み合わせてある。おかげで、濡れた路面でのハンドリングはじつに面白いものだった。

スタイルやデザインに見るべきものはないうえに、長期使用を見越した作りでもなかった。日本の自動車メーカーがまだ入念な防サビ対策の必要性に気づいていない時期のクルマだけに、フロアからサスペンション・マウント、ドアボトムまで、広範囲にわたってサビの餌食に。

装備はまあまあだが、洗練にはほど遠い。ぺかぺかのプラスチックは安っぽかったし、立てつけも悪いため、すぐにカタカタと耳障りな音を立てた。日本車にありがちな、靴磨きクリームを思わせる茶色仕上げのダッシュボードも最低。

モーリス・マリーナ

MORRIS MARINA

モーリス・マリーナの真の恐怖は、紙上ではとても伝えきれない。欠点が多すぎるからだ。最大のライバルであるフォードに大きく遅れを取ったブリティッシュ・レイランド（ＢＬ）にとって、高齢のマリーナに代わるサルーンの開発は緊急命題だった。そこで市場へ送り込んだのがこのクルマ。なんとも古くさいモーリス・マイナーを土台にしたわりには、見かけはそこそこダンだが、取り柄はそれだけ。発表時、モータージャーナリストは一斉にサスペンションの改良を忠告したのだが、ＢＬは耳を貸さず、かくしてスピードを出すと直線で勝手にふらつくクルマが市場に出回ることに。ただ、それも数ある問題のひとつにすぎない。雨漏り、サビ、フロント・サスペンションユニットの故障など、挙げればきりがない。

ＢＬの宣伝文句は「才色兼備」。率直に言って、根拠は謎だ。２ドアクーペを除けば（暗がりの中、薄目で見れば、という条件付きだが）「色」らしきものは見あたらない。「才」についても同じで、このクルマが頭脳の結晶なのだしたら、いったいいつ頭を寄せ合ったのだと問いたくなる。どうせ金曜の午後とかだろう。休みの前日で、半数はストライキ中だったに違いない。

見かけはそこそこモダンだが、取り柄はそれだけ

Accessories

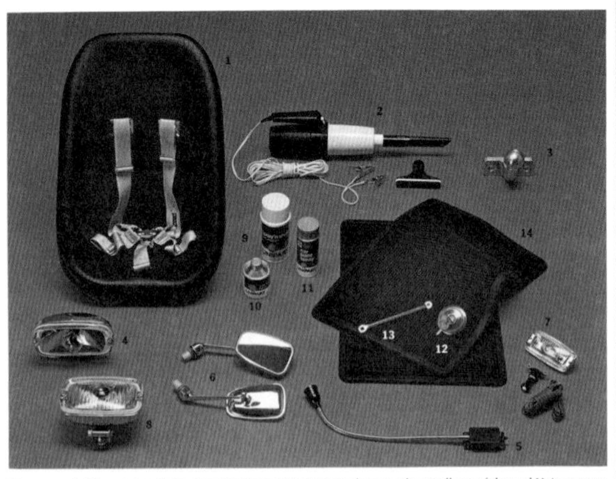

The accessories illustrated are designed to enhance your Morris Marina but are only a small part of the total Unipart range. All are fully approved by British Leyland.
1 Child safety seat. **2** Car vacuum cleaner. **3** Towing ball. **4** Spot lamp. **5** Flexible map reading lamp. **6** Wing mirrors. **7** Reversing lamp kit. **8** Fog lamp. **9** Aerosol 'Spray'n'shine' car polish. **10** Touch-up paint. **11** Aerosol touch-up spray. **12** Petrol locking cap. **13** Brake adjustment spanner. **14** Rubber floor mats.

←「才色兼備」が聞いてあきれる。むしろ「ぐずでのろま」だろう。アクセサリー類も最低で、当時の日本車と比べると笑えるほどチープ。

スペック

最高時速：161 km/h
加速時間（0～96 km/h）：12.3 秒
エンジン：直列４気筒
排気量：1798 cc
総重量：1150 kg
燃費：9.6 km/L

1970~81年 イギリス

マリーナ「才色非兼備」

70年代にクルマをお持ちだった方なら誰でも、見ただけで足のすくむ恐怖の1台。高速で走るマリーナを見たら、すぐさま逃げたほうがいい。その運転手は愛車をまず制御できないからだ。

惨めなマリーナ

モダンな外見はお粗末な中身を隠すカモフラージュ。最低のサスペンション。効かないに等しいブレーキ。雨漏り。サビ……要するに、クルマとしてあるまじき問題を完備。

ベースは古くさいモーリス・マイナー。ハンドリングが悪いのはそのせいで、よく言えばわがまま、悪く言えば身も凍るほど恐ろしかった。排気量の大きなモデルでは、恐怖も倍増。フロントの重量増と旧式のレバー・アーム・サスペンションのおかげで、鳥肌もののアンダーステアが発生。

後期モデルは、いわば整形手術の失敗例。いい感じだったクローム・フェンダーとアルミのグリルをなくし、代わりに真っ黒なフェンダー、プラスチック製グリル、樹脂製フロントスポイラーを装着。おかげで、特にクーペの純粋無垢な印象が台無しに。ただ、ハンドリングはぐっと良くなったが。

マリーナが狙ったのは「普通」。サルーン、ステーションワゴンともごく一般的なスタイルなのは、そのため。一方、クーペタイプは傾斜のきついルーフや寸詰まりのリアなど、なかなかユニーク。ただ、どちらを選んでもウィンドウシールの雨漏り、フロントウィングとAピラーのサビ、シルの破損はもれなく付いてきた。

ブレーキは端からひどい代物で、テストドライバーたちはBLに即刻の改善を促し、さもないとマスコミにその危険性を明かすと伝えた。BLが問題は解決したと伝えたため、当初の批評は好意的だった。だが後の記者らの取材で、ブレーキの問題は手つかずのまま残っていることが判明した。

プジョー604

PEUGEOT 604

覚えている人がまずいないクルマ。このスタイリングなのだから、それも当然だろう。スリーボックス・サルーンの鋳型になれるかと思うほど、あまりにも普通。とはいえ、高級サルーンらしく中は広々として快適なのだが、問題はその作りにある。フランスのエグゼクティブカーは昔から作りの悪さに定評があり、この604も例外ではない。トリムはすぐに外れたし、シルは内側からさびてくるから、気づいたときには手遅れだった。

洗練さもいまひとつで、V6のエンジンはガスをばかみたいに食った。ただ、2.3Lのディーゼルタイプはまだディーゼルの乗用車が一般化していなかった時期にまずまずの成功を収めたのは確かで、パリのタクシー運転手の多くがこのクルマの世話になった。

唯一評価できるとすれば、1979年、ターボ・ディーゼルを初めて導入した点だろう。幸運にも、タルボット・タゴーラ(P.186～87参照)のおかげで、少なくとも“世界最悪の高級車”の汚名は免れている。

このクルマを歓迎したのはパリのタクシー運転手だけ

Peugeot 604.
Sumptuous surroundings are standard.

604.
The best Peugeot in the world, for £6,695.

Prices of the superb 2·7 litre 604 start at £6,695 (including Car Tax and VAT) and include: electrically operated sunroof, all round electrically operated windows, tinted glass, power assisted steering, interior headlight adjustment, central locking system, rear fog lamps, metallic paint finish. Optional extras include: leather upholstery, automatic transmission, air conditioning. Delivery and number plates extra. Price correct at time of going to press.
Service intervals every 10,000 miles (intermediate oil change every 5,000 miles). Fuel consumption (according to French Government test procedures): urban motoring - 17.6 mpg, at constant 56 mph - 31.4 mpg.

←当時は「世界最高のプジョー」だったかもしれないが、世界最高のクルマからはほど遠かった。

スペック

最高時速	190 km/h
加速時間(0～96 km/h)	9.4秒
エンジン	V型6気筒
排気量	2849 cc
総重量	1408 kg
燃費	7.8 km/L

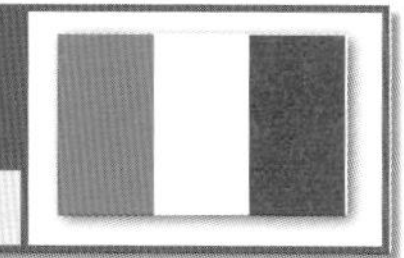

プジョー 604「自動車界史上、最も忘れられたクルマ」

60……何だって？

今日のディーゼル・カーの礎を築いた604のターボ・ディーゼル。でも、そんなことは誰も覚えちゃいない。この事実からも、604の印象の薄さは明々白々。

スティール・ホイールとぼってりしたバンパーがいかにも「タクシー」。ディーゼル・エンジンがパリの運転手に受けた。

極上のクルマとは言えないかもしれないが、居住性は悪くない。というか、かなりいい。後席のレッグスペースは、かのロールスロイス・シルバーシャドウと肩を並べるほど広い。

ハイクラスな乗り心地を目指したプジョー。そのためサスペンションはショックを吸収すべく、わざとかなりソフトにしたのだが、これが裏目に。ふわふわすぎて揺れがひどく、ハンドリングもぱっとしなかった。

エンジンはＶ６のガソリンか2.3Ｌのディーゼルが選べた。ディーゼル・エンジンの高級車は業界初で、それが売りでもあったが、がっかりするくらいスピードが出ず、洗練さにも欠けていた。その点、ガソリン・エンジンはかなりましだったが、こちらはびっくりするくらい燃費が悪かった。

四角いデザインにこだわったのだろうが、鋼材をふんだんに使ったせいもあり、サビにはめっぽう弱かった。真っ先に餌食になったのがドア。続いてリアパネルとフロント・スカットルパネルがやられた。

ルノー14

RENAULT 14

「フランスが生んだサビの王」の名をほしいままにするルノー14。一度でも雨に降られたら、ボディがオレンジ～茶色のぼつぼつで覆われてしまうほど。加えてワイヤーハーネスがファイアーウォールからよく外れて電気系トラブルを起こしたうえ、ケーブルの接触から火が出ることもあるなど、デビュー当初からとにかく問題続きのクルマだった。

取り柄どころか、興味をそそる変わった点を探すだけでも至難の業。あえて挙げれば、ドライブシャフトの角度の関係上、ホイールベースの片側がやや長いことくらいか。変わっているといえば、珍しい記録がひとつ。14はフランス製のルノーの中で唯一、本国よりもスペインで売れた。自国が大好きなフランス中流層も、さすがにこの14には冷ややかだったらしい。14に移行するつもりだったルノーの意向に反して、古めかしい12が80年代の前半まで生産されたのは、「14には乗りたくない」という消費者の強い思いがあったゆえか。登場からわずか6年、14は12の根強い人気に押されて、短い一生を終えた。

取り柄どころか、興味をそそる点を探すのも至難の業

スペック	
最高時速	138 km/h
加速時間（0～96 km/h）	15.3秒
エンジン	直列4気筒
排気量	1218 cc
総重量	858 kg
燃費	12.7 km/L

← 14のトランクにこんなにもカバンを積め込むとは、なんとも勇気ある行動だ。なにしろサビがひどくて、荷物を積みすぎるとトランクフロアがあっさりと抜け落ちたのだから。

1977~83年 フランス

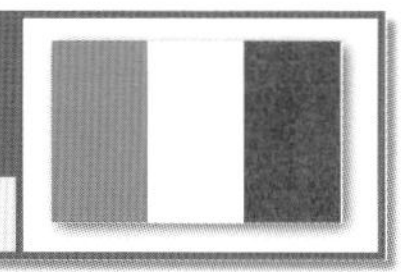

ルノー14「フランスの失態」

真横から見ると、寸詰まり加減がよくわかる。これは最上級のGTモデル。

センス・ゼロ

スタイリングの悪さは天下一品。洋梨みたいな寸詰まりの格好からプラスチック製のダッシュボードまで、すべてが最悪。ステアリング・ホイールを握っても、つまらないことこの上なかった。

サビの迷車アルファスッドと肩を並べるほど、とにかくサビに弱かった。後部ドアとホイールアーチの間に水がたまりやすく、シルが驚くほどの勢いでサビついた。トランクフロア、インナーウィング、ファイアーウォール、フロントパネルも尋常でないほどサビやすかった。

エンジンの幅がありすぎて水平には置けなかったため、やや斜めに収まっており、ドライブシャフトがそれぞれ違うところから伸びている。トランスミッションはオイルパンの中にあり、潤滑油はエンジン・オイルだった。

ダッシュボードは安っぽいプラスチック製で始終ガタガタいうし、細かいデザインもいちいちダメと、いいところなし。しかもユーザー無視の設計というおまけ付き。燃料計と温度計がステアリング・ホイールの陰になって、頭を下げないと目盛りが読めなかった。

しいて長所を挙げれば、ステアリングと乗り心地か。びっくりするほど良くはないが、少なくともグリップはまともで、快適性もまずまずのレベル。ただその程度では、欠点のオンパレード車という悪評を払拭するには至らず。

ルノー・フエゴ

RENAULT FUEGO

20年間で初めて、番号以外の名前を付されたルノー車。ただ、取り立てて見るべき点があるわけではない。というか、むしろこの名前が悪かった。ルノー18をベースにした、スペイン語で“炎”を意味する名前を付けられたこのクルマ、前触れもなく炎に包まれるという恐ろしい悪癖の持ち主だった。原因は電気回路の設計が悪かったからで、よくショートを起こした。エンジンもぱっとせず、1.4Ｌと1.7Ｌの４気筒ＯＨＶがあったが、どちらも火を噴くようなパワーはなかった。

そこでルノーは1.6Ｌのターボを導入するが、後にハンドリング性能に著しく劣ることが判明。それにもめげず、ルノーはフエゴをアメリカ市場にＡＭＣとして輸出。しかし本国での低売上をさらに下回る、見事なまでの失敗に終わった。見かけは、なかなか良かったのだが……。

前触れもなく炎に包まれるという恐ろしい悪癖の持ち主

ヨーロッパでの生産打ち切りから数年後、フエゴは南米で復活。1987年にはアルゼンチンで売上No.1のクルマに輝き、90年代まで現地で生産された。こんなにもぱっとしないクルマがなぜアルゼンチンでかくも売れたのか？「鶏が先か、卵が先か」と並ぶ人類永遠の謎のひとつだ。

←じつに変わった宣伝戦略だ。大半を空白にして、肝心の車は右端にちょこんと。恥ずかしくて見せたくない、という本心のあらわれか。

スペック

最高時速：180 km/h
加速時間（0～96 km/h）：10.1 秒
エンジン：直列４気筒
排気量：1995 cc
総重量：1100 kg
燃費：8.8 km/L

1981〜85年 フランス

フエゴ「燃えるクルマ」

これはベーシックモデル。見かけもさえなければ、装備もごく一般的で、1.4Lのエンジンは非力もいいところだった。

カメオ出演

どこから見てもぱっとしないが、それでも007シリーズに二度も出演している。1985年の『美しき獲物たち』にちらっと。さらに1995年の『ゴールデンアイ』にも。

スポーツカーを謳っていたかもしれないが。エントリーモデルは1.4Lでわずか64馬力と、スポーティーにほど遠い。1.6Lのターボはほぼ倍の馬力があったが、ターボラグとホイールスピンがひどかった。

シャーシもスポーティーさからかけ離れていた。標準仕様のルノー18がベースなのだから、仕方ない。もともとアンダーステアがひどく、馬力のあるモデルは増したパワーに対応できなかった。

名実ともに“炎”のクルマ。初期モデルは電気系統のトラブルが多く、ショートした火花が燃料に引火してとんでもない惨事を招くことも。ターボ車のドライブシャフトの劣化が早かったのとギアリンケージがもろいのも問題だった。

防サビ対策は、当時の他のルノーと大差なし。つまり、みるみるうちにサビまみれに。リア・ホイールアーチとフロントスポイラーの内側が特に弱かった。

ローバー SD1

ROVER SD1

見方によって、史上最高の１台にも最悪の１台にもなるクルマ。スタイリングは際立っている。手がけたのは英国の名手デヴィッド・ベッシュで、フェラーリ・デイトナを参考にした、目を引く独特な姿を呈している。栄光のＶ８エンジンはパワフルで、ハンドリング性も高く、ゴージャス感もたっぷりと、ここだけ読むと喉から手が出るほど欲しくなるだろう。ところが生産・販売はブリティッシュ・レイランドが担った。つまりＳＤ１は難産だった、ということだ。

最初期のものはボディがサビやすかったうえ、Ｖ８以外のエンジンは活きが悪かったうえ、故障がち。おまけに電気系統もしょっちゅういかれた。セントラル・ロックシステムを導入した気概は買うが、よく壊れたのはいただけない。おかげで中に閉じ込められ、サンルーフからはい出るという屈辱を味わったオーナーが何人いたことか。

最後期には「ビテス」モデルが登場。燃料噴射型の3528cc／Ｖ８エンジンを採用し、走り、作りともにかなり向上した。このモデルは今もローバー・ファン垂涎の的だ。ただし、同時期に2.0Ｌ／４気筒の標準的なモデルも出ており、こちらの走りは最悪なので要注意。

セントラル・ロックシステムが壊れたら、サンルーフからはい出るしかない

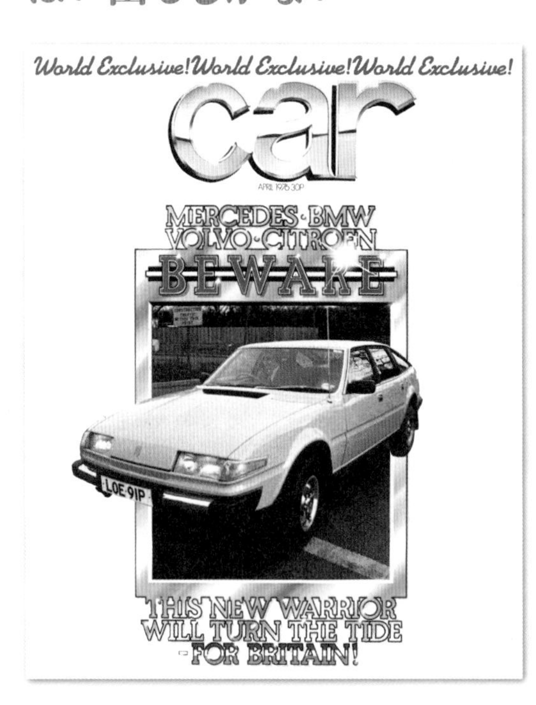

←当時の英『カー』誌掲載の広告。ライバルのＢＭＷ、ボルボ、メルセデス、シトロエンに向けて「ＳＤ１の登場で、英国は復活する」と自信満々に宣言している。この頃はまだ「この新たな戦士」がとんでもない問題児だとは、誰も気づいていなかった。

スペック

最高時速：203 km/h
加速時間（0～96 km/h）：8.4 秒
エンジン：V型８気筒
排 気 量：3528 cc
総 重 量：1345 kg
燃　　費：8.1 km/L

ローバーSD1「クルマは見かけじゃわからない」

ゆったりした居住スペースに加え、トランク容量もかなりのもの。だがそうした工夫もすべて、粗雑な作りのせいで台無しに。

ダッシュボードは賢い作り。左ステアリング車と右ステアリング車を作る際のコストを抑えるため、ファイアーウォールにステアリング・コラム用の穴をあらかじめ2箇所開けてあった。計器パネルも左右ステアリング・ホイールのどちらでも合うデザインで、主要以外のスイッチ類は中央に配置。

敵か味方か

好き嫌いがはっきりと分かれる１台。嫌い派は、ボディのサビと走りの悪さを糾弾。好き派は、スタイリッシュさとハンドリング性能を増した後期モデルを信奉。

ＳＤ１用にわざわざ６気筒エンジンを開発したのだが、出来はぱっとせず。性能が悪いうえ、燃費がたいしていいわけでもなく、信頼性にも問題あり。片やＶ８は活きが良くて頼もしかった。かなりかさむガソリン代を払える余裕があるなら、買いだ。

初代ＳＤ１はクルマとしての品質に難があり、特にメタリック・モデルの塗装はすぐにひび割れ、それがサビつきの原因に。後のモデルはかなりましになったものの、一度落ちた評判はついに上がらなかった。

シュコダ・エステル
SKODA ESTELLE

意図が気持ちいいほどはっきりしていたクルマ。目的は、旧チェコスロバキアの国民の足を可能な限り低価格で提供すること。ゆえに走りの質云々は端から度外視で、エンジンを後ろに積んだのもコスト削減になると考えたから。スイングアーム式のリアサスペンションも同じ理由で、おかげでハンドリングはとんでもないことに。噂では、戦慄を覚えるほどのオーバーステアがラリー狂に受けたとか。

内装は質素な黒のプラスチック製で、シフトレバーはちょっと力を入れるとすぐに折れた。走り好きには「ラピッド（迅速の意）」なるそのままの名がついたクーペもあり。これがまたひどい代物で、やっつけ仕事で作ったとしか思えない、恐怖の運転体験を約束してくれるコンバーチブルだった。とはいえ、もともとの低品質さえ我慢できれば、いつまで乗っても壊れないという長所もある。ただ、エンジンは折に触れてのメンテナンスが欠かせなかったが。

ハンドリングに大いに難があったエステル。困り果てたオーナーが考え出したのが、フロントのトランクに砂袋をいくつか積むというまさに苦肉の策。おかげでバランスが取れ、かなり扱いやすくなったのはいいが、悲しいかな、荷物の置き場はなくなった。

スペック

最高時速：135 km/h
加速時間（0〜96 km/h）：18.9 秒
エンジン：直列4気筒
排気量：1174 cc
総重量：873 kg
燃費：12.0 km/L

戦慄のオーバーステアはまさにラリーの気分

←公道をきびきびと走るクルマではないが、エンジンルームのシンプル極まりない配置と、テールをぶんぶん振る点がラリー好きには受けた。

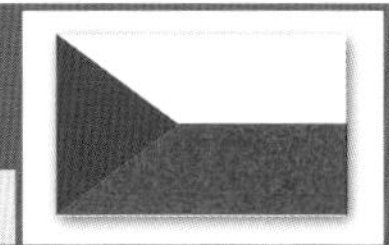

エステル「ラリードライバーのお気に入り」

ぱっと見は、スリーボックス・セダン。ところがエンジンルームと思って開けると、あっと驚くほど広いトランク。

絶滅危惧種

シュコダ社は90年代にイメージを一新。下取りしたエステルを片端からスクラップにするよう、ディーラーに指令。したがって、現存するエステルはごくわずかだ。

叩き売りかと思うほどの安値だったが、タフさは抜群。同時代のクルマと比べて圧倒的にサビに強く、かなり長持ちした。ステアリング・ホイールを握るのがかくも恐ろしくさえなければ、いいクルマの仲間入りができたのに……。

見かけは、ごく普通のエンジン前置き型サルーン。だが実際にはリア積みで、ボンネットの下はかなり広いトランク。重量のバランスを取って、多少はまともなハンドリングができるようにと、ここにセメント袋を積む者もいた。

キャビンは一面の黒い塩化ビニル（PVC）で、プラスチックの質は目を疑うほど低く、乗り心地も快適からほど遠かった。これを選ぶ人にとって高級感は二の次だったかもしれないが、それでもドアを開けた途端、あまりの安物ぶりに腰が引けた？

オールアロイ製エンジンをリアホイールのすぐ後ろに積み、リアサスペンションはスイングアーム式が標準仕様。おかげでテールを見事に振るクルマで、その扱いにくさに当初から非難が集中した。

トライアンフ・スタッグ

TRIUMPH STAG

地球一いらだたしい自動車メーカーの称号をほしいままにするブリティッシュ・レイランド（ＢＬ）。その証拠が、これ。スタイリングは抜群で、土台はトライアンフ2000のプラットフォーム。つまり生産コストは低く抑えられたのだから、余った予算を他に回せばよかったと思うのだが、現場は金が浮いたことを知らなかったのだろうか。エンジンは同社のローバーＶ８を積んでおけばいいものを、なぜかアロイヘッドのＶ８をわざわざ開発。これがドロミテ1500のパーツを寄せ集めた代物で、スティールブロックとアロイヘッドがうまく合わず、ヘッドガスケットがいかれ、その結果オーバーヒートとエンジン上部の変形が頻発。ほとんどが80,000kmももたなかった。そこで多くのオーナーはＢＬの代わりにローバーのＶ８エンジンに積み替えたのだが、これがびっくりするくらいうまくいったのだから、困ったものだ。

欠点は山ほどあったが、見た目の美しさは受けたし、４人までなら遠乗りをしても楽しかった。もっとも、せっかくの休みをレッカー車待ちで無駄にしてもいいと思える人限定だが。

関係筋によれば、1977年モデルはかなり出来がよく、冷却装置の問題が解消され、作りの質も大幅に改善していたらしい。最後にまともな仕事をして、スタッグ引退の花道を飾った、というわけか。

↑「お金があれば大丈夫、トライアンフ・スタッグとともに」とＢＬは謳っている。最初から金食い虫だとわかっていたのだろうか。

スペック

最高時速：188 km/h
加速時間（0～96 km/h）：10.1 秒
エンジン：V型8気筒
排 気 量：2997 cc
総 重 量：1263 kg
燃　　費：8.5 km/L

エンジンはひどく、走行距離80,000kmともたなかった

スタッグ「美しいのはうわべだけ」

オプションでハードトップもあった。せっかくの美が損なわれているが。

顔はいいのに……

見かけは言うことなし。でもその美しい肌の下をサビの魔の手が……。ガスケットがいかれ、シリンダーヘッドが歪み、ついにはサビで老いさらばえた。

内装は極上で、装備類も運転者に優しい配置だった。コストを最少に抑えるべく、ダッシュボードとシートはトライアンフ2000のものを流用。4速のマニュアルもトライアンフ2000製。

プラットフォームは栄光のトライアンフ2000と同じ。つまり、名車リストに名を連ねてもおかしくない1台になれたはずなのだが、そうはいかないのがＢＬ絡みのクルマ。出てきたのは、信頼性に欠ける金食い虫……残念だ。

ＢＬ車のご多分に漏れず、サビにも弱かった。シル、リア・クォーターパネル、トランクリッド、フロントウィングに加えて、ファイアーウォール・エッジと燃料タンクも酸化の餌食に。

とにかくエンジンが大問題。ＢＬは多額を費やして3.0Ｌ／Ｖ８を開発したわけだが、はっきりいって意味不明。わざわざ一から作らずとも、ローバーの 3.5 Ｌがあったのに。しかも出来が悪く、シリンダーヘッドの歪みやガスケットの破損などトラブルが相次いだ。

トライアンフ TR7

TRIUMPH TR7

70年代はウェッジシェイプがクルマ市場を席巻した。そこでBLも無骨なTR6に代わるクルマにそのスタイリングを採用し、生み出したのがこれ。正直、チープ感は否めない。かの名デザイナー、ジョルジェット・ジウジアーロも初めて見るなり、「これはひどい」と嘆いたとか。

コスト削減を狙い、BLはトライアンフの2.0L／スラント4エンジンを積むつもりで設計。抜群の組み合わせになるはずだったが、予定していたドロマイト・スプリントの16バルブヘッドではボンネットが閉まらないことが判明。急きょ、8バルブヘッドで手を打つことに。おかげで105馬力と非力になってしまった。

まだある。70年代産のクルマのご多分に漏れずTR7もサビに弱く、オーナーは一様に苦々しい思いを抱かされた。

なぜ3年もかかったのかわからないが、1979年にようやくコンバーチブル・モデルが登場。トライアンフのコンバーチブル復活を願ってやまない向きは喜んだが、作りの悪さは相変わらずで、ぱっとしない性能もそのまま。結局、一般にはたいして売れなかった。おまけにルーフを取ったことで曲がりくねった道での不安定さが増し、スポーツカーらしさはなおさら感じられなくなった。

スペック

最高時速：177 km/h
加速時間(0～96 km/h)：8.7 秒
エンジン：直列4気筒
排 気 量：1998 cc
総 重 量：1015 kg
燃　　費：10.3 km/L

↓キャッチコピーは「手が出そうにない高級感」。はあ？　どう見ても、スポーツカーの安っぽい物まねでしょう。ドアハンドルはオースチン・アレグロのものだし。

You know the kind of wistful longing you get when you look at a Maserati or a Lamborghini or a Ferrari?

You get the same kind of feeling when you look at the new TR7.

With one difference. You don't have to sell the house to buy it.

The new TR7 costs £3,335.*

It feels like a £10,000 car.

You know what it feels like when you drive a Maserati or a Lamborghini or a Ferrari?

The excitement of all those dials, the bonnet raking down to the road, the bucket seats hugging your body, the surge of silent power that presses you to the seat, the effortless cornering, the feeling of utter safety at the highest speeds?

You get the same kind of feeling in the new TR7 as you accelerate to 60 in 9.4 seconds† – or confidently take winding country lanes. (And now you can even have automatic transmission, or a five-speed gearbox).

It costs £3,335.

You know what it feels like when you pull into a petrol station – once again! – in a Maserati or a Lamborghini or a Ferrari to fill your tank and empty your wallet?

Well that's one feeling you don't get in the new TR7. With an average 30 mpg† and a twelve gallon tank, you can go a good 350 miles between petrol stops.

And the new TR7 costs £3,335.

So you can afford it even if it looks like you can't.

TR7. It looks like you can't afford it.

コンバーチブル・タイプの登場までに3年もかかった

1976~83年 イギリス

トライアンフ TR7
「粗悪な偽物にだまされるな」

真横から見た感じは悪くない。小粋なラインのおかげで高すぎる車高が目立たないし、フラットなルーフは空気抵抗の少なさを感じさせる。

筋金入りのトライアンフ・ファンが嫌うのも無理はない。パフォーマンスが劣るだけでなく、ハンドリングもぱっとしないのだから。サスペンションはフロントがマクファーソン・ストラットで、リアがアクスルビームをコイルスプリングにマウント。おかげで生産コストは低いが、ハンドリング性能も著しく低いクルマに。

スタイリングの失敗は、誰もが認めるところ。デザインの原案を出したのは、オースチン・アレグロやプリンセスを手がけたハリス・マン。ところが各種“委員会”の審議を経た結果、当初の案よりも全長が短く車高が高くなり、こんなみっともない姿に。1979年にコンバーチブルも出たが、大差はなかった。

スポーツカー?

切り札のコンバーチブル・モデルを出しても、物笑いの種から脱却できず。見かけのスポーティーさは増したかもしれないが、消費者が期待してしかるべき性能が相も変わらず欠けていた。

ドロマイト・スプリントの16バルブ・シリンダーヘッドを載せるはずだったのに、誰もその計画をスタイリング部門に伝えなかったのだろうか。ウェッジシェイプにしたせいでエンジンブロックがボンネットの下に収まりきらず、8バルブヘッドへの変更を余儀なくされた。

70年代趣味はとにかく俗悪だった。証拠が欲しいなら、TR7の中を覗けばいい。革巻きのステアリング・ホイールもいかにもあの時代らしいが、何よりもひどいのが派手なタータンチェックのシート。吐き気がする。

ユーゴ45

YUGO 45

安くて、人目は引かないが、見かけも取り立てて悪くもない。多少の可能性は感じさせたクルマがこのユーゴ45とその仲間たち。中身はどれも基本的にフィアット127で、プラットフォームとエンジンもそう。ところが作りが最低で、スポーツモデルに至っては、パーツが合いもしないという体たらく。まだある。手の中で簡単に折れる窓ハンドル。両手で思いきりいかないとバックに入らないトランスミッション。一見すると金属製だが、ぽろりと落ちて初めてプラスチックと気づくフェンダー……。

それでも群を抜く価格の低さから、英米での需要は確実にあったのだが、90年代前半、ユーゴスラビアが分裂し、工場が破壊されるとともに姿を消した。

ところが21世紀初め、クロアチアのザスタバ工場の操業再開とともに驚きの復活。多少の改良を加えつつ2003年まで生産されたが、それ以降、工場がフォルクスワーゲンMk2ゴルフに切り替えたため、再び生産中止に。ちなみにゴルフはユーゴよりもはるか前の設計だが、すべてにおいてユーゴよりはるかに上だ。45が再復活するとの噂もあるが、旧ユーゴスラビア経済が日増しに力をつけている現在、45が商品として生き残れる可能性は薄い。ありがたいことだ。

THE BRAND NEW SERIES OF SUPERMINIS.
Go new, go Yugo 45/55 series.
55 GLS

作りが最低で、スポーツモデルではパーツがうまく収まらなかった

スペック	
最高時速	127 km/h
加速時間（0～96 km/h）	21.6 秒
エンジン	直列4気筒
排気量	903 cc
総重量	765 kg
燃費	14.9 km/L

←「新車で行こう、ユーゴ45で行こう」の訴えが虚しく響く。安いとはいえ、同じ金を出すなら、中古でもっといいクルマがある。

1984~92年 ユーゴスラビア

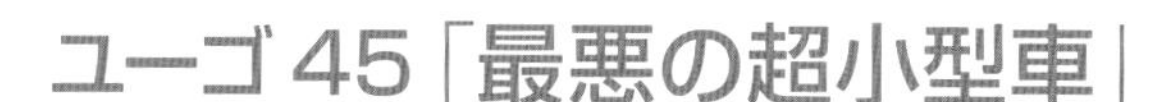

ユーゴ45「最悪の超小型車」

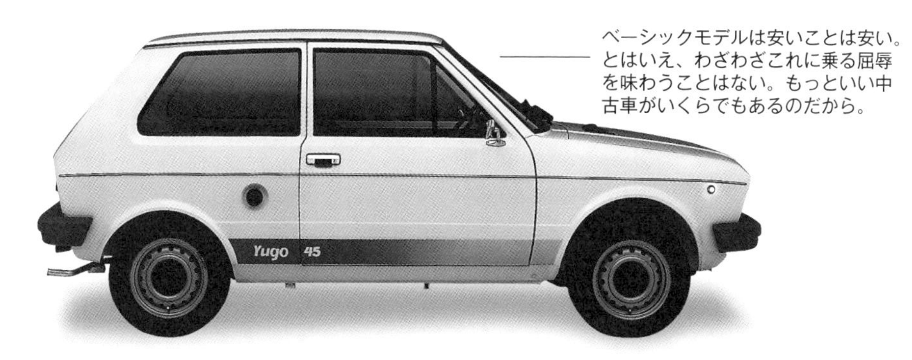

ベーシックモデルは安いことは安い。とはいえ、わざわざこれに乗る屈辱を味わうことはない。もっといい中古車がいくらでもあるのだから。

エンジンはフィアット製だが、残念なことにトランスミッションの出来が最悪。シンクロメッシュ機構の摩耗は当たり前で、走行距離が80,000kmくらいになると、バックするにはエンジンをいったん切ってからギアをバックに入れ、シフトノブをしっかり押さえつけて再度かけるしかなかった。

21世紀のユーゴ

2000年代初頭、ユーゴ45は驚きの復活を遂げる。だがすぐに過ちに気づいたのだろう。2003年には早々と生産打ち切りに。

内装の質の悪さは目を疑いたくなるほど。プラスチック類は安物。窓ハンドルは簡単に折れるわ、グローブボックスは勝手に開いて中身を助手席側のフロアにぶちまけるわ。

ひと皮むけば、フィアット127にうりふたつ。ただ親会社のザスタバいわく、スタイリングは独自のもので、仕上がりも万全と自信たっぷり。それがウソであることは、上級モデルに乗り換えればすぐにばれた。ボディパーツはどれもひどいことこの上なし。

ハンドリングも最悪。路面状態が悪い旧ユーゴの道路事情から、車高をフィアット127よりも高く設計したのだが、そのためにどんなにゆっくりコーナーに入ってもアンダーステアがひどかった。足回りがガタガタで、ステアリングがやたらと軽いのも問題をさらに悪くした。

ZAZ ザポロジェッツ
ZAZ ZAPOROZHETS

ザポロジェッツ、ロシア名ZAZ966の見かけはドイツのNSUプリンツにクローンかと思うほど似ているが、共通点はそこだけ。ウクライナで生産された「ザッポ」の愛称で知られるこのクルマ、史上最悪の異名を取るが、それももっとも。ステアリングはぞっとする代物で、パフォーマンスは衝撃的なまでの低レベル。シフトレバーはギアを落とすと空気ポンプみたいな音がするし、パネルの立てつけも最悪。空冷エンジンはガタガタと音がひどく、よく止まった。原因はオイル切れ。カム・アンド・ペグのステアリング・ホイールもごくシンプルな構造なのに、老化とともに故障が頻発。ザッポに乗るのは、それこそ震撼ものの恐怖体験だった。

目を引くのが両サイドに付いたロケットを思わせる吸気口。ほぼ隙間なく収まっている空冷エンジンのオーバーヒートを防ぐのが目的で、走行中は効果的だった。だがクルマが渋滞でどうなるかまでは、考えなかったのだろう。渋滞にはまると、キャビンが異常なまでに暑くなり、たまらず窓を開けようとすると、ランナーから外れるありさまだった。

スペック（ZAZ965）
最高時速：112km/h
加速時間（0～96km/h）：不明
エンジン：V型4気筒
排気量：887cc
総重量：不明
燃費：不明

シフトレバーはギアを落とすと空気ポンプみたいな音がした

ZAPOROZHETS
SMALL-SIZE –
COMFORTABLE –
ECONOMICAL
3A3-965A
The "Zaporozhets" 3A3-965A – the smallest of the Soviet-made cars, is extremely popular and in evergrowing demand.
In spite of the small size of the car, original arrangement of units and mechanisms renders the driver and passengers the comfort of higher class cars.
Perfect design, employment of wear-resistant materials, air cooling, automatic adjustment of brakes and many other devices make the car easy to operate and minimize maintenance.
Effective ventilation and provision of a heater (if required), high manœuvrability and cross-country capacity enable the car to be used under all climatic and road conditions.
Economical, compact and easy-to-service, the "Zaporozhets" is one of our favourite cars.
B/O·АВТОЭКСПОРТ·СССР·МОСКВА
V/O·AVTOEXPORT·
SSSR·MOSKVA

←売り文句は「小さくて快適で経済的」。少なくとも、大きくないのは確かだ。

ザポロジェッツ「史上最恐の運転体験」

2代目 ZAZ968
(66 ～ 94)

後期は多少モダンになるが、それでも不格好であることに変わりはない。最低の運転性も変わらなかった。

小さくても、乗るのは命がけ

売りはコンパクトさに経済性と快適性。小さいのは認めるが、快適性は……。正直、快適のかの字も感じられない。

専用に開発したエンジンを搭載。空冷V4と聞くと恐ろしいが、実は驚くほどタフ。見よ、サイドの大きなスクープを。ここから空気を無理やり取り込んだ。

スタイリングだけは、かわいいとも言える。ただし、このキュートさにだまされてはいけない。パネルは立てつけが悪くサビに弱いし、運転は冗談抜きで戦慄もの。

ZAZ965
～ 69)

ハンドリングの悪さで、このクルマの右に出る者はいない。プラットフォームはとことんまでコストを削減。サスペンションはフロントがトーションバー、リアがコイル＆ビームアクスル式で、反応の鈍いウォーム＆ペグ式ステアリング。

助手席側のフロアパンが取り外し可能で、それを下に敷けば、凍った湖で釣りが楽しめるという特典付き！

↑メルセデス・バネオ：自動車メーカーは今でも恐ろしい間違いを犯す。この車がその生き証人。

DESIGN D

設計ミスもはなはだしい

世の中にはとんでもない設計のクルマが存在する。どうして会議でボツにならなかったのか、と首を傾げるしかない。だが緊急時には緊急手段が求められるわけで、目を覆いたくなるほどひどい設計案が防御網をすり抜けたのにはそれなりの事情があり、メーカーが気づいたときにはもう後戻りする時間も予算もなかったのだろう。そんなとんでもない設計のクルマを本章では取り上げた。根本的に作り方が間違っている、欠点だらけ、誰が見ても忘れようがない大事な要素が欠けているなど、理由は多岐にわたる。たとえばオースチン・プリンセスにはどうしてハッチバックがないのか？　ＦＳＯポロネッツはなぜハッチバックなのにリアシートが倒れないのか？　疑問は尽きない。

必要不可欠な細部が欠けているため、結果としてひどいクルマになった類もある。アイデア自体は冒険的と言えなくもないが、考えが足りなかったため、失敗に終わってしまったわけだ。明らかなデザインミスもある。クルマの設計がスタイル第一だったら、ＡＭＣグレムリン、ポンティアック・アズテック、スバルＸＴクーペはこの世に生まれ得なかったに違いない。

SASTERS

AMCグレムリン

AMC GREMLIN

　1970年代前半、アメリカン・モーターズ・コーポレーション（AMC）社は苦境にあえいでいた。手元にあるのは時代遅れのモデルばかりで、新車を作る金はなかった。だからこそ1970年、オイルショックに対応すべく発表したクルマには社の生き残りがかかっており、失敗するわけにはいかなかった。しかし結果は、失敗。このクルマが米国を代表する企業の急落の始まりを告げた。グレムリンはどこから見ても醜悪そのもので、作りもぞっとするほどひどい。リアはハッチバック風だが、ウィンドウを蝶番でつけたのと変わらないチープさ。経済性を重視したはずなのに、3L／6気筒エンジンは節約家とはいえず、燃費は約8km／L程度。翌年、V8エンジン搭載のXモデルが登場したが、不格好さがさらに増した。

　米モータージャーナリストはこぞって、デザイナーが2人いたに違いないと揶揄した。前と後ろのアンバランスさは、フロントとリア担当がそれぞれバラバラに作った以外に考えられないと。皮肉なことに、このクルマ、奇怪な容姿が受けて現在ではカルト的人気を博している。ただしファンの間でもとことんひどいクルマという見方は変わらない。グレムリンのオーナーになったのは、とにかく変わったクルマを持って目立ちたいし、誰も買わないクルマにあえて乗っている自分を褒めてもらいたいからにすぎない。

Why is it when the other car companies come out with sporty little cars, the cars come out looking the same?

There is an approach to the sporty little car that goes beyond the exaggerated paint job. And the Gremlin X is the first little car to take it.
It is, basically and fundamentally, the first little car to break with the design traditions of Detroit.
There is no traditional gentle sloping of the rear.
There are none of the conventional curves around the front and sides.
And there is no attempt to suggest more performance than there actually is.
Instead of a fat black stripe down the hood, there are real fat tires. Fatter standard tires than the Vega GT, Pinto Rallye, Maverick Grabber, or Comet GT offer you.
There are 4 of the new slot-style wheels and 2 bucket seats. The same bucket seats we put in our Javelin.
And instead of non-functioning hood scoops, there is a standard 6 cylinder engine that develops 135 horsepower. More cylinders than Pinto and Vega. And more horsepower than all four.
Even the Gremlin X's optional engine is a larger 6 cylinder than those offered by Comet or Grabber. It is 258 cubic inches and generates 150 horsepower.
But no matter how sporty the Gremlin X gets, it is still the original American subcompact. With all the economy and maneuverability that implies.
It gives you up to 25 miles to the gallon. And it is heavier, with wider front and rear tracks than any of the other four.
Finally, the Gremlin X lists for only $2299.* Which is quite a bargain when you consider what you're getting for your money.
Either a different-looking subcompact with the spirit of a sporty car. Or a different-looking sporty car with the advantages of a subcompact.

If you had to compete with GM, Ford and Chrysler, what would you do?

American Motors Gremlin X

偏屈なファンの間でも最悪のクルマという評価だった

スペック

最高時速：153 km/h
加速時間（0～96 km/h）：12.5秒
エンジン：直列6気筒
排気量：3802 cc
総重量：1278 kg
燃費：7.1 km/L

←「スポーティーな小型車というと、どれも同じようなデザインばかりなのはなぜ？」……さあ、どうしてでしょうね。ただ、どれもグレムリンよりは格好いいのは確か。

グレムリン
「どこから見てもぞっとするほど醜悪」

巨大なリアウィンドウのおかげで後ろが見やすいとAMCは力説。でも実際は、巨大なサイド・リアパネルのせいで後ろが見えず、バックで駐車場に入れにくくて仕方がなかった。

4月ばか

グレムリンが発表されたのは、なんとエイプリルフール。もはや笑うしかない。スタイリングは悪い冗談そのものだし、エンジンには機械にいたずらする小悪魔「グレムリン」が住んでいたとしか思えない。

デザインだけでは飽きたらず、作りも最低。信頼性は低いし、サビ対策もゼロに等しく、シルとリアサブフレームが特にサビやすかった。

エンジンは独自に開発した6気筒。力のあるエンジンだったが、排ガス規制のおかげで、性能はぱっとせず。

見かけはハッチバック。ところが実体は、ただリアウィンドウが開くだけ（蝶番が壊れていなければ、の話だが）。トランクの奥底から荷物を引っ張り出す時は、気をつけないとぎっくり腰になる恐れも。

AMCペイサー

AMC PACER

AMC社の崩壊を決定づけたクルマ。登場は1975年。当時アメリカ市場を席巻していた日本および欧州勢に対抗すべく送り出されたAMC期待の1台、だった。

だが結果は見てのとおり。寸詰まりで、長さに不釣り合いな幅広。横から見ると、前と後ろを別の人間がデザインしたとしか思えない。一方のドアがもう一方より長いという代わり種で、子供が助手席側から後部座席に出入りしやすいように、との配慮だったのだろうが、右ステアリング市場では何の意味もなかった。信頼性もがっかりするほど低く、すぐにサビついたし、4.2Lのエンジンを積んでいるわり約6km/Lと燃費は良かったが、げんなりするほどスピードが出なかった。

2ドア・ハッチバックに加えて、ステーションワゴンも発表したが、こちらは前者に輪をかけて不格好だった。片側のドアが異常に長い点も同じ。つまり、後ろに荷物を満載して助手席のドアを開けると、荷物が転げ落ちてくる危険があった、ということ。

たいして売れなかったのは当然だ。

スペック

最高時速：142km/h
加速時間(0~96km/h)：15.8秒
エンジン：直列6気筒
排気量：4229cc
総重量：1554kg
燃費：6.4km/L

前と後ろを別の人間がデザインしたとしか思えない

↓AMCは大々的に広告を打ったが、消費者の心は動かず。莫大な予算を投じて海外市場も狙ったが、効果なし。紛うことなき失敗作だ。

ペイサー「AMCの転落」

ハッチバックに加えて、ステーションワゴンもあり。こちらのほうが見てくれはまだましで、使い勝手も良かった。

後ろから前から

当時のAMC車のご多分に漏れず、このクルマもスタイリングについて見るべき点は皆無。別々のクルマの前と後ろをつなぎ合わせたとしか思えない。デザイナーはいったい、何を考えていたのか。

触れ込みはコンパクトなエコノミーカー。でも見るからにずんぐりむっくりで、欧州のエグゼクティブカー並みに大きかった。

左ステアリング車は右のドアが大きく、後部座席の乗り降りがしやすい作りになっていた。ただし、輸出用に作った右ステアリング仕様では意味なし。

直列6気筒かV8の選択肢があったが、結果は同じ。いずれも遅いうえに、ガソリンをばかみたいに食った。

オースチン3リッター
AUSTIN 3-LITRE

存在理由が謎の１台。発表当初から意味がわからないとの悪評を獲得。ブリティッシュ・レイランド（ＢＬ）の上層部も不満の声を上げげた。それでもデザイン部隊はめげずに、前輪駆動のオースチン1800のプラットフォームのホイールベースを無理やり伸ばして後輪駆動に変更。当時のＢＬ車のご多分に漏れず、サビにめっぽう弱く、古くさいオースチン・ヒーレー3000のエンジンを改良した３Ｌ／直列６気筒も早々に壊れがちだった。ハンドリングも最低で、エグゼクティブカーの乗り心地にはほど遠かった。まだある。ジャガーＸＪ６クラスの対抗馬という売りだったが、売りになるようなスタイリッシュさは皆無だった。

当時すでにＢＬはトライアンフ、ローバー、ジャガー・ブランドを有していたことを考えると、なぜこのクルマを出すことにしたのか、謎は深まるばかりだ。見かけはともかく作り自体は良く、エグゼクティブカー市場で戦える力はあったと思うが、相手となるライバル車がほとんど自社製品なら、これをわざわざ作る意味がわからない。オースチン・ヒーレー3000のオーナーに手頃なスペア部品を提供するため、ということなら話は別だが。

誰もが『どうしてこうなの』と評したものだ

←左のご婦人の格好に注目。正体を隠すように、毛皮コートの前をきっちり締めたポーズ。ジャガーじゃなく、このクルマを選んでしまったのがよっぽど恥ずかしかったのか。

スペック

最高時速：161 km/h
加速時間（0~96 km/h）：15.7 秒
エンジン：直列6気筒
排気量：2912 cc
総重量：1190 kg
燃費：6.7 km/L

オースチン3リッター「無個性の代名詞」

開発段階における初期プロトタイプ。テストドライバーが被っているのは中折れ帽か。このクルマをつかまされた層の典型的ファッション。

不細工で不人気

発売から４年、出荷数は１万台にも満たなかったため、メーカーは生産打ち切りを決めた。それとともに、生産を決めた理由は永遠の謎に。

スクラップ後はスペア部品としてオースチン・ヒーレー信奉者の手に渡った。エンジンは同じだったが、スクラップ車は3リッターのほうが格段に安かったからだ。

短期間しか生産されなかったため、独特なプロップシャフトやギアリンケージなど、いくつかの部品は稀少。

開発に膨大な金がかかったと聞けば、一から作ったと思うだろうが、実はドアはオースチン1800製で、プラットフォームも1800をいじったもの。

オースチン・アンバサダー
AUSTIN AMBASSADOR

生産開始から間もなくプリンセスはハッチバックにしておけばよかったと気づいたＢＬ社。すぐさまデザインをし直し、82年に送り込んだのがこのクルマ。フロントがエアロダイナミックな形状に変わり、長い荷物も積めるよう背もたれを倒せるシートを搭載。コスト削減のため、プラットフォーム、ドア、サスペンション・システムはプリンセスと同じものを使い、特徴的なウェッジスタイルも継承した。

だがワゴンにしてはサイズが小さかったうえ、遅きに失した。スタイリングはライバル車に比べて明らかに時代遅れで、1.7Ｌと2.0ＬのＯシリーズのエンジンは壊れやすいことで知られ、走行距離わずか30,000km程度でオイルが切れる悪癖が出るように。豪華な内装と個性的なラジエーター・グリルを擁する最高級クラスのバンデン・プラ・モデルもあったが、これをエグゼクティブカーとして売ろうという考えには首を傾げるしかない。

結局、大金を費やしてわざわざプリンセスを改良したにもかかわらず、ＢＬはわずか２年で生産を打ち切ってしまった。

その後モデルチェンジが行われることもなく、ありがたいことに、アンバサダーがエグゼクティブカー市場に再び足を踏み入れることはなかった。その後、オースチン・ローバー社はローバーの富裕層、オースチンのフリートマネージャーへの販売に集中した。初めからそうしておけば良かったものを。

デビューしたときから寿命が尽きていた

↑「値段以外はすべて高級」と謳っているが、それを言うなら値段と、品質と、スタイルと、パフォーマンスと、信頼性と、高級なイメージと……もういいか？

スペック

最高時速：161 km/h
加速時間（0~96 km/h）：14.3秒
エンジン：直列４気筒
排 気 量：1994 cc
総 重 量：1203 kg
燃　　費：9.2 km/L

アンバサダー「血統書付きの駄馬」

最上級モデルには栄光の「バンデン・プラ」の名に加えて、内装のけばけばしいベロア、アロイホイール、フロントフォグランプが付いていた。

身の程を知るのが大事

結局、アンバサダーは２年と持たなかった。いくらプリンセスを改良しても売れないと早々と気づいたオースチン社。その後、同社がエグゼクティブカーを手がけることはなかった。

プリンセスにあって然るべきだったハッチバック型で登場したアンバサダー。だがおかげで、プリンセスの独特なウェッジシェイプは台無しに。

装備はプリンセスより良く、レザーとウッドパネル付きのバンデン・プラ・モデルまであった。だがその程度では消費者の目はごまかせず。

エンジンは1.7Lと2.0L Oシリーズ、オーバーヘッド・カムの2種類。どちらも未熟で、信頼性に大いに問題あり。

オースチン・プリンセス

AUSTIN PRINCESS 18-22 SERIES

好き嫌いの好みがはっきり分かれるスタイルのクルマ。そのくさびを思わせる極端な格好は、後に「ウェッジシェイプ」と呼ばれることに。ＢＬ社は当初、オースチン、モーリス、ウーズレーとさまざまな名前をつけていたが、最終的にただの「プリンセス」に落ちついた。

運転の楽しみはそこそこあり、居住スペースはまずまずで、乗り心地も悪くなかった。だがそれも、サスペンションとドライブシャフトがすぐにいかれ、エンジンマウントがしょっちゅう落ちたのでは、オーナーの慰めにはならなかった。

最高級モデルの2.2Ｌのエンジン音は良かったが、標準の４速マニュアル・トランスミッションはおぞましい代物で、初期モデルは当時のクルマの例に漏れずボディのサビがひどかった。しかも、この格好でハッチバックじゃなかったのだから意味がわからない。当初は作るつもりだったが、苦戦するマキシの人気のさらなる低迷を恐れてボツにしたらしい。

現在はかなりの稀少車で、スペースホッパーやフレア・ジーンズ、ラレーチョッパーの自転車など70年代の遺物に惹かれる好き者に人気がある。どういじっても、まともなクルマにはなりそうにないが。

標準の4速マニュアル・トランスミッションはおぞましい代物

スペック

最高時速：155 km/h
加速時間（0～96 km/h）：14.9 秒
エンジン：直列４気筒
排 気 量：1798 cc
総 重 量：1150 kg
燃　　費：8.5 km/L

←「美しいアイデア、美しい作り」とあるが、公正取引委員会は何をしていたのだろう。誇大広告もはなはだしい。

18-22シリーズ

1976~82年 イギリス

プリンセス18-22シリーズ「70年代の象徴」

これはプリンセスでなくて、ウッドール・ニコルソン・カークリーズ。ヨークシャーで特別に作られたリムジン車で、葬儀屋に人気だった。

名前も図体も長い

どうせ買うなら、6人乗りのウッドール・ニコルソン・カークリーズがお勧め。長ったらしい名前にふさわしく、プリンセスを60cmほど長くしたリムジン。

最高級モデルの6気筒エンジンは吹き上がりが滑らかで、パワーもまずまず。ただしトランスミッションはオイルパンの中にあったため、ライバル車との勝負には欠かせない5速へのアップグレードは端から無理だった。

がらくた同然の装置類、ダサいベージュのベロア、適当につけたとしか思えない偽ウッドパネルなど、内装は70年代の縮図。

独特の「ウェッジ」型は好き嫌いがはっきり分かれるスタイルだが、目を引いたのは確かで、丸目4灯式との組み合わせは当時にしては個性的だ。

キャデラック・セビル
CADILLAC SEVILLE

いいスタイリングは売れるクルマに欠かせないし、高級車ならなおさらのこと。その基本中の基本をキャデラック社は知らなかったのだろうか。79年、この醜い化け物の登場に、高級車市場の品のいいお歴々は腹を抱えて笑った。安っぽい偽クロムのトリムはいかにも品がないし、なんといっても全体のスタイルが不格好そのものの。当時のモータージャーナリストはバックで壁に突っ込んだか、デザイン部門の天井が落ちてきて、クレイモデルのリアが潰れたに違いないと言って揶揄したものだった。理由はどうあれ、発売から間もなく、キャデラック社はこんなにもばかげた形のクルマを作ってしまったことを激しく後悔する。米国人の顧客が次々にキャデラックを見限り、ＢＭＷやメルセデスといった趣味のいい欧州車に流れていったからだ。

筋金入りの信奉者にさえ背を向けられた。理由はスタイリングではなく、トランクリッドの角度。あまりにも斜めで、ゴルフバッグふたつも入らなかったからだ。金も時間もある隠居組をターゲットにしたクルマとしては、あってはならない重大なミスだ。もっとも、ホールアウト後の酒宴の席で、この不格好さをビールのつまみにされる屈辱は免れたが。

スペック

最高時速：187 km/h
加速時間（0～96 km/h）：10.4秒
エンジン：V型8気筒
排 気 量：6054 cc
総 重 量：1982 kg
燃　　費：5.0 km/L

バックで壁に突っ込んだとしか思えない

↑85年モデルの内装。贅沢機能が満載で、熱狂的なガジェット好きも満足の作りだが、趣味が悪すぎ。

セビル「高級車の面汚し」

リアの独特な形状にこだわりすぎた結果、後部座席のレッグスペースないし荷物スペースの確保という、大型乗用車におけるごく基本的な点をすっかり忘れたのだろう。結果、いずれも外観重視の犠牲に。

悪趣味の見本

唯一の救いは、一般的な装備品の質が高いこと。残念ながら、その取り柄も贅沢機能のスイッチ類やプラスチックの内装に埋もれていたが。

装備は抜群。だが、エグゼクティブカー購買層がそれを求めていたわけではない。プラスチックを張り巡らせたキャビンは高級感ゼロ。欧州のライバル車のほうがはるかに上だった。

なんといっても、問題はこのテール。上から斜めにばっさり切られたみたいで、どう見てもバランスが悪い。どうしてこんな格好にしたのか、キャデラック社からの説明はついになかった。

とことん滑らかな走りを追求したのはいいが、足が柔らかすぎ、フロントエンド・グリップが皆無に等しく、コーナーリングは時に命がけ。

キャデラック・セビル
CADILLAC SEVILLE

　絶対に売れると確信したキャデラック社が欧州市場に自信を持って送り出した1台。ただ見かけこそ高級感が増したものの、ひと皮むけば前モデルと大差なし。キャビンの乗り心地はまずまずでも、デザインや作りの質の悪さは変わらなかった。プラスチック類は相変わらず程度の低い安物で、スイッチ類も使いづらいとなれば、欧州高級車ファンの心をつかめるはずもない。おまけに固い支持基盤のあった本国アメリカにおいても、多くの顧客に出来のいい欧州車へ鞍替えされた。走りの楽しみもないに等しく、足がふわふわで、コーナーでは何キロで入ろうが曲がらないという恐ろしい代物だった。

　見かけと装備は値段以上のハイクオリティだっただけに、残念でならない。細部はいいが、全体としての出来がいまひとつという「惜しいクルマ」の典型だ。近年、欧州で売れたクルマの多くが空港のタクシーとして働いている。

細部はいいがまとまりを欠く『惜しいクルマ』の典型

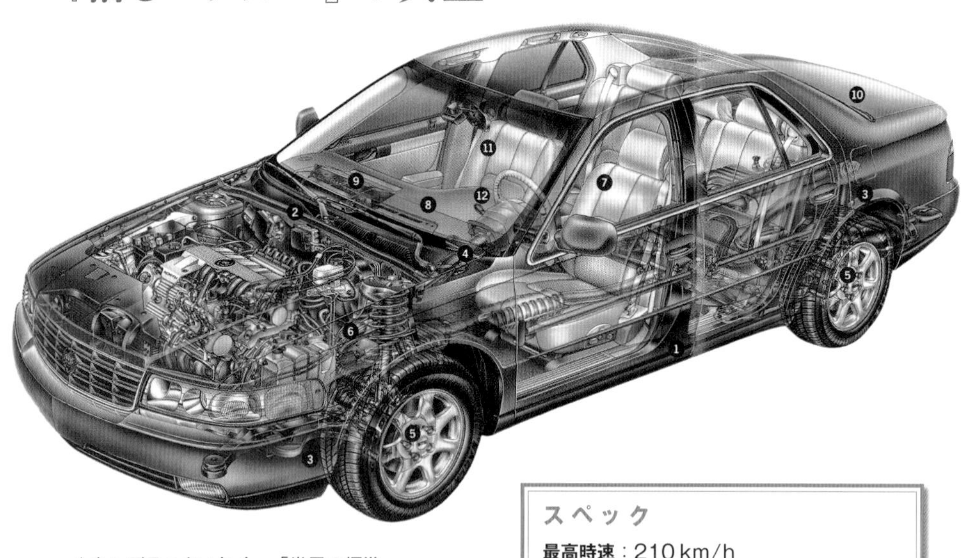

↑キャデラックいわく、「世界の標準を決める」1台。どこを取っても大半のドイツ車のほうがはるかに上なのに、よくも言えたものだ。

スペック

最高時速：210km/h
加速時間(0~96km/h)：7.8秒
エンジン：V型8気筒
排気量：4565cc
総重量：1982kg
燃費：9.2km/L

1997~2003年 アメリカ

セビル「惜しいが、ゴールは遠い」

実用的な点は良い。トランク、助手席コンパートメントともにまずまずの容量。

欧州でしぶとく生き残る者たち

欧州各地ではいまだによく見かける。上がり続けるガス代にたまりかねて、ＬＰＧ車に作り替えられているものもあり。

ＧＭが自信を持って欧州市場に送り込んだクルマ。だがふわふわの足と身の毛もよだつステアリング性能のせいで、ジャガーやＢＭＷのオーナーを奪うには至らず。

唯一の売りはＶ８エンジン。パワフルで、なおかつ燃費も比較的良かった。ただし、オートマチック・トランスミッションは最低。

装備の数は多いかもしれないが、キャビンの見かけは悪い。プラスチック類は安物で趣味が悪いし、スイッチ類は壊れやすく使いづらい。

シボレー・コルベア
CHEVROLET CORVAIR

悪評ひとつでもかなりのダメージなのだから、欠陥を糾弾する本を出されては、立ち直れるはずもない。そんなかわいそうなクルマがこれだ。GM社がフォルクスワーゲン・ビートルなどのバジェットカーに対抗すべく作ったエコノミーカーで、リア積みのエンジンもビートルと同じく空冷式。スタイリングは当時にしてはしゃれているし、値段のわりにお得感もあったのだが、設計が悪かった。タイヤの空気圧が合っていないと、尋常ではないほどのオーバーステアを起こし、何の前触れもなくスピンをするという恐ろしい代物だった。GM社は1965年モデルからその対策を施した改良モデルを発売していたが、1966年、ラルフ・ネーダーが『どんなスピードでも自動車は危険だ』と題した本を出版、その中でコルベアの根本的なバランスの悪さを徹底的に責め立てた。公正さをやや欠く指摘があったことが後に判明するのだが、これによって世間に広まった悪いイメージは結局、ぬぐい切れなかった。

実はネーダーの本が出てすぐシボレー社はリアサスペンションを大幅に改良しており、後期モデルは当時にしては最高のハンドリング性能を誇ったのだが、大衆には信じてもらえなかった。

尋常ではないほどのオーバーステアを起こした

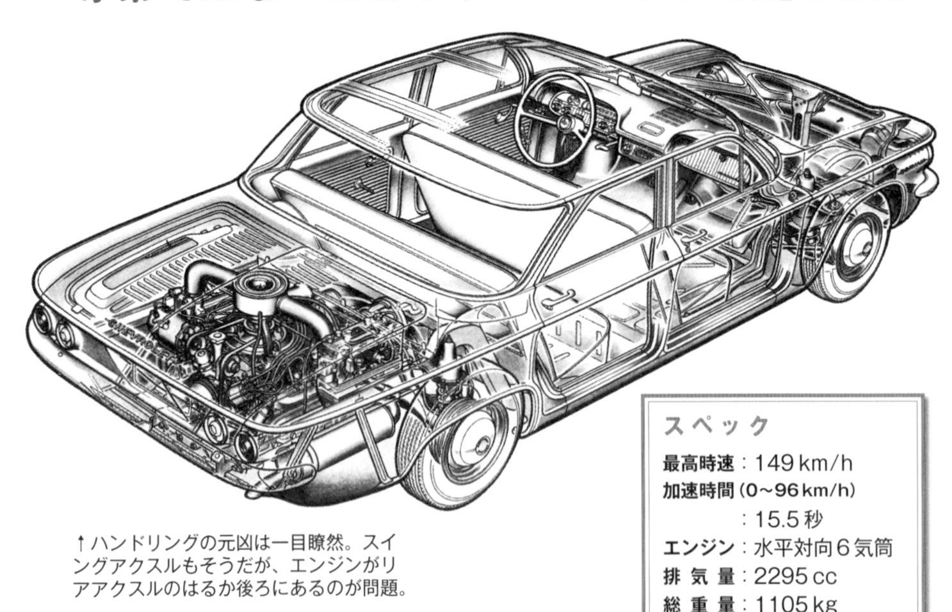

↑ハンドリングの元凶は一目瞭然。スイングアクスルもそうだが、エンジンがリアアクスルのはるか後ろにあるのが問題。

スペック

最高時速：149 km/h
加速時間(0~96 km/h)
：15.5秒
エンジン：水平対向6気筒
排気量：2295 cc
総重量：1105 kg
燃費：7.0 km/L

コルベア「どんなスピードでも危険」

安全面の欠陥は残念でならない。それ以外は知的でよくデザインされた1台だったのだから。

当時、米市場で大人気を博していたフォルクスワーゲン・ビートルをまねて、リア積みの空冷エンジンに。だがエンジンを後ろにしすぎたため、シャーシバランスを欠く結果に。

弁護士で消費者権利の保護運動家ラルフ・ネーダーにリアサスペンションの欠陥を糾弾されたのが痛かった。初期モデルは、タイヤの空気圧が狂っているとスイングアクスルのせいでジャッキ・アップ現象が起こり、後輪がクルマの下に潜り込む事態に——。

取扱注意

運悪く初期モデルをつかまされた方は、週に1度はタイヤの空気圧のチェックを忘れず、コーナーに入る際にはじゅうぶんにご注意を。

長所を挙げるなら、キャビンの心地良さだろう。ホイールベースが長く、トランスミッショントンネルがないため、広々していた。

クライスラー・エアフロー

CHRYSLER AIRFLOW

時代の先を行きすぎて失敗することもある。その証拠がこれ。先進的な設計は後に自動車デザイン界の基本になるのだが、エアフローが登場した１９３４年当時、この流線型は消費者の目になじまなかった。開発にあたって風洞を利用して空気抵抗を研究し、飛行機の産みの親ライト兄弟のオーヴィルにまで助言をもらった。実際、丸みを帯びたフロントガラスやトラス構造を取り入れた軽量ボディなど、飛行機を思わせる点が随所に見られる。

自動車史に残る有意義な車でも駄作は駄作

スペック

最高時速：142 km/h
加速時間（0～96 km/h）：19.5秒
エンジン：直列８気筒
排 気 量：4883 cc
総 重 量：1894 kg
燃　　費：5.7 km/L

ではなぜ、見かけはともかく、ここまで不人気だったのか。原因をひとことで言えば、粗悪な作りに尽きる。立てつけが悪く、サビに弱く、機械的な問題も後を絶たなかった。要するに消費者は、摩訶不思議な格好で信用性もないクルマにクライスラーが求めるような高い金を払う気はなかった、ということ。

さらにこのクルマ、最低の駄作でも後に自動車産業史にその名を刻むきわめて重要な１台になりうるという証でもある。クライスラー社は莫大な損失を被ったが、このクルマで空力という新たな概念を自動車界に紹介した。メーカー１社のアヒルが業界の金の卵を産むという典型的な例。

←今の目で見れば、悲惨なほど売れなかった理由は考えるまでもない。30年代のお上品な趣味とまるで合っていない。

エアフロー「金の卵を産んだアヒル」

時代の先を行きすぎていた。この写真を見るだけでも、風がどう流れるのかがわかる見事なスタイルだが、消費者に高額をふっかけたのがいけなかった。

空力対策の始まり

当時はまるで売れず、クライスラーは大損をした。だが同社がクルマ作りに初めて導入した空力という概念は現在まで脈々と受け継がれている。

航空機作りのノウハウを生かした設計で、当時にしては空気抵抗を最小限に抑えた画期的なスタイル。だがそのぶん、コストはかさんだ。

空力性能は良かったが、燃費は悪かった。車体が重すぎ、走っても平均で5.7km/L程度。

丸みを帯びたフロントガラスや急角度で落ちるフロントエンドなど、見かけはまさに飛行機のそれ。

シトロエンGSビロトール

CITROEN GS BIROTOR

普通と違う、創造性あふれるデザインで知られるシトロエンだけに、ロータリーエンジン車に初めて飛びついた1社と聞いても驚かないだろう。ドイツのＮＳＵ社と組んで1967年に2ローター・ロータリー・エンジンを開発。だが提携は長続きせず、共同会社コモトールは間もなく倒産の憂き目に。それにもめげず、シトロエンは1974年ついにＧＳビロトールを送り込む。斬新なアイデアを形にしたクルマはしかし、出来が悲惨だった。速くてスタイリッシュではあったが、４気筒モデルと比べて高すぎたし、アペックスシールの摩耗が原因で早くからエンジンの不具合が発生した。

名車になる可能性は十分にあったが、なれなかった

結局、847台を売っただけで生産中止を決定。大半はシトロエン社が買い戻してスクラップにした。部品ネットワークを維持するくらいなら、回収のほうがまだましと考えてのことだった。

このクルマ、早々と消えてしまったのはじつに惜しい。マツダＲＸ８などの成功が示しているように、耐久性のあるロータリーエンジンは生産可能だったし、ロータリーならではの超が付くほど滑らかな吹き上がりはビロトールのきびきびしたハンドリングと高い空力性能にぴったりだったからだ。名車になる可能性がじゅうぶんにあっただけに、残念でならない。ただ、勘違いされては困るから言っておくが、通常のＧＳはなかなかの出来で、ビロトールの欠点を補って余りあるクルマだった。

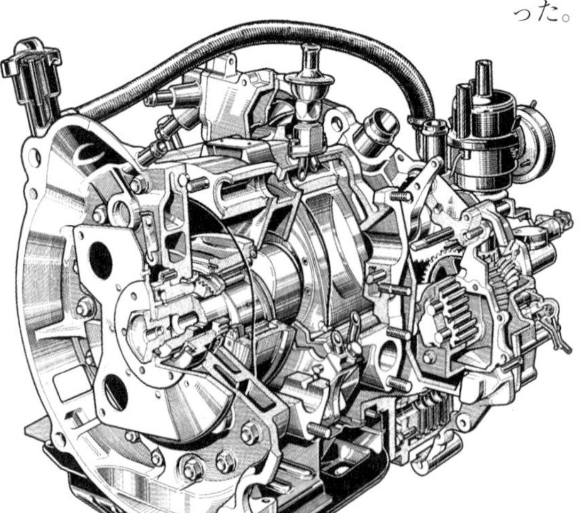

スペック

最高時速：175 km/h
加速時間（0～96 km/h）：13.2秒
エンジン：ヴァンケル式ツインローター
排気量：2×497.5 cc
総重量：1140 kg
燃費：7.8 km/L

←左の図を見れば、ビロトールのロータリーエンジンの仕組みがよくわかる。ただし、アペックスシールの摩耗で致命的なコンプレッション低下が頻発。

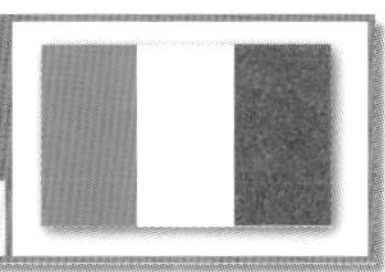

GSビロトール「847の限定版」

横から見ると、空力の良さがよくわかる。当時のライバル車は足下にもおよばなかった。

ロータリーの失敗

当初は素晴らしいと絶賛を浴びたのだが、悲しいかな、ロータリーエンジンの摩耗があまりにひどく早々と壊れることが判明。評判は地に落ちた。

軽量のおかげで、ハンドリングも走りもかなりのもの。だがエンジンはガソリン食いのオイル食いだった。

見かけは標準モデルのGSとうりふたつ。見分けるポイントはフロントのクーリングダクトと、控えめな「ビロトール」の文字。

ドイツNSU社との提携から生まれたロータリーエンジンは画期的だったが、黎明期に作られた他のロータリーと同じく耐性に難があり、早々と壊れた。

エクスキャリバーSSK
EXCALIBUR SSK

金は余るほどあるが、センスが足りない人に打ってつけのクルマ。登場は1964年。スタイリングはビンテージ風で走りはモダンという「ノスタルジック・カー」のはしりだ。

産みの親は、欧州レースカーのスタイリングを愛して止まなかった米産業デザイナーのブルックス・スティーブンズ。目指したのは、コレクターが億の金を惜しまない名車メルセデスＳＳＫの精密なレプリカだったのだが、結果は出来の悪い、値の張りすぎるキットカー。エンジンはシボレー・コルベットのもので、ボディはファイバーグラス製。後に４ドア・オープンツアラーも登場している。だがそもそもが物まねだから、クルマ好きにはそっぽを向かれたし、乗り心地もひどいものだった。

とはいえ、現在でも熱狂的な信奉者はいる。ファンは手作りの良く出来たクルマと信じているようだが、それは思い違い。デザインがまがい物というだけでなく、作りもキットカー並みに粗悪。同じ金を払うのなら、本物のビンテージ車のほうが趣味もはるかにいいし、お得だ。たかがキットカーにうん千万も出すことはない。

郷愁をそそるデザインも、しょせんは物まね

スペック

最高時速：201 km/h
加速時間（0～96 km/h）：7.0秒
エンジン：V型8気筒
排 気 量：4738 cc
総 重 量：1957 kg
燃　　費：5.3 km/L

←マスコットまでメルセデス・ベンツの物まね。有名なスリーポインテッド・スターの代わりに、「エクスキャリバー」の由来であるアーサー王の魔法の剣を模したデザインだ。

SSK「値の張りすぎるキットカー」

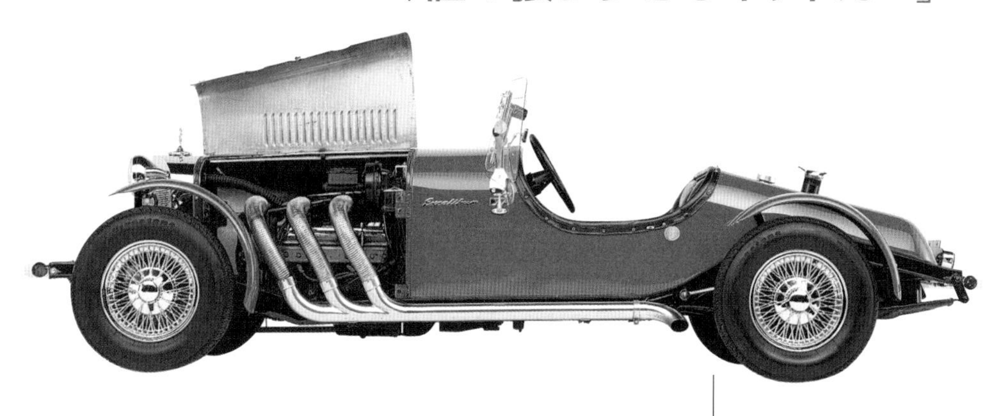

ボンネットが左右に分かれ、横開きという作りまでメルセデスＳＳＫと同じ。恥も外聞もない物まねの例がここにも。

趣味の悪い道楽

15年の間に2000台弱が生産され、大半はアメリカの億万長者が買った。つまり、普通の人間にはとても手が出なかった、ということ。

ボディはワンピースモールドのファイバーグラス製だが、買いたいと思わせる魅力に欠ける。だいたい、ごつごつしたシャーシとは合っていない。

外見はクラシックだが、金持ちのアメリカ人向けに作ったクルマだけに、豪華な内装とふかふかのレザーシートは必須。

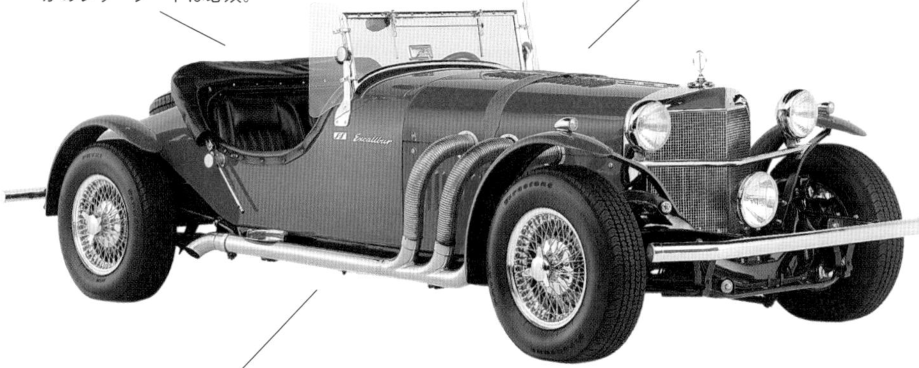

エンジンはシボレー・コルベット用で、大きく張りだした６本のエグゾーストノーズはただのはったり。空冷効果のある本家メルセデスＳＳＫのものとは違う。

フィアット・ムルチプラ
FIAT MULTIPLA

1998年の登場と同時に、物議を醸したクルマ。なんといっても常識に背を向けたスタイリングが衝撃で、実体はまずまずのワンボックスカーなのだが、奇怪なルックスに多くの人が恐れをなした。メーカーのフィアット社でさえ美しくないと認めていたらしく、英国のプレス・デモンストレーション車には、リアウィンドウに「決めるのは、フロントを見てから！」との自虐的ともとれるステッカーが貼ってあった。

モータージャーナリストは使い勝手のいい3人掛けシート×2列、高い実用性、卓越したドライビング・ポジションをこぞって褒め称えたが、売上は伸びなかった。原因はこの外見に金を払うだけの勇気が消費者になかったことに尽きた。そこでフィアットは異端な容姿を見限り、2004年にノーズとテールをいじってもっと常識的なフォルムに変えた。

ところが皮肉なことに、マイナーチェンジを境にセールスは下降。コアなファンは実は見かけの非常識さに惹かれていたことを裏付ける結果になった。

ヨーロッパでは毎年、通称「アグリー・バグ・ボール（醜い虫の舞踏会の意)」なるオーナーの集いまで開かれており、熱狂的なファンがペインティングと内装のデコレーションを競い合っている。お手やわらかに！

この奇怪なルックスには多くの人が恐れをなした

スペック

最高時速：173 km/h
加速時間（0～96 km/h）：12.6秒
エンジン：直列4気筒
排 気 量：1581 cc
総 重 量：1470 kg
燃　　費：12.0 km/L

←大きく見えるが、ベースはファミリー向けハッチバックのブラーボ／ブラーバのプラットフォームで、トレッドを広げて車幅を増してある。

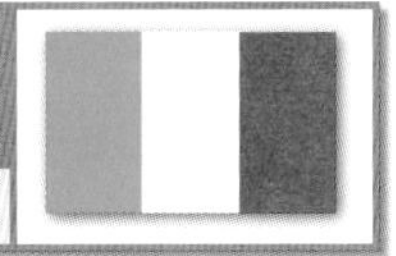

ムルチプラ「フィアットの醜い虫」

2004年のマイナーチェンジでぐっと一般的な顔に。だが実のところ良かったのはもともとの容姿で、カルト的なファンはそこに惹かれていた。

決めるのは、フロントを見てから

どちらから見ようが、自動車史に残る醜いクルマであることに変わりはない。中身は実用的かもしれないが、まともな神経の持ち主なら、この中で最期を迎えるのだけは死んでも嫌だろう。

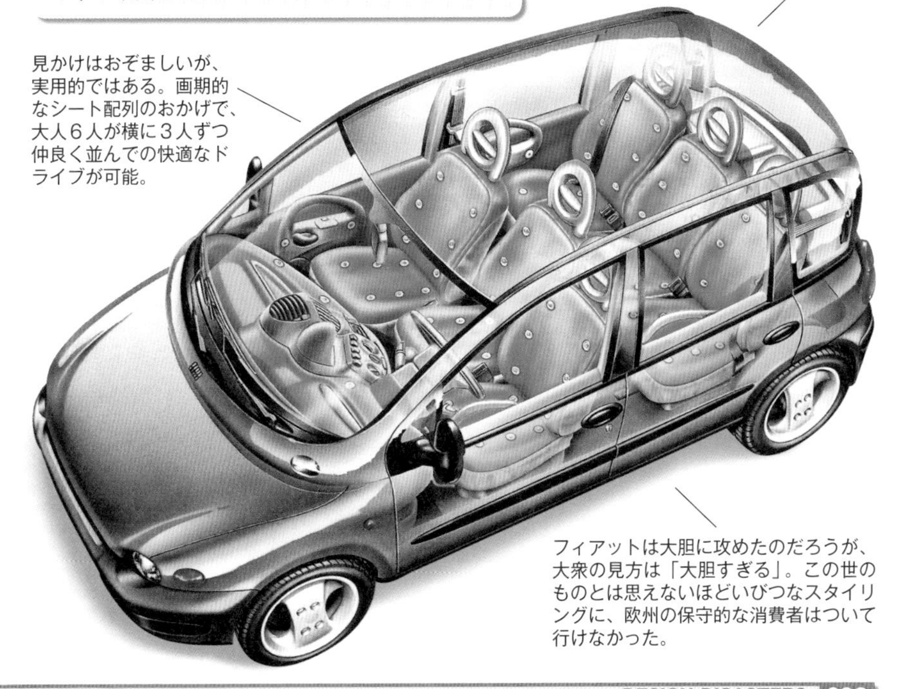

3人掛けシート配列の高い利便性がよくわかる。スタイリングもこれくらい良ければ……。

見かけはおぞましいが、実用的ではある。画期的なシート配列のおかげで、大人6人が横に3人ずつ仲良く並んでの快適なドライブが可能。

フィアットは大胆に攻めたのだろうが、大衆の見方は「大胆すぎる」。この世のものとは思えないほどいびつなスタイリングに、欧州の保守的な消費者はついて行けなかった。

フォード・クラシック

FORD CLASSIC/CAPRI 109E

1961年にフォードから登場したファミリーカーで、スタイリングに問題はない。いい意味のアメ車らしいデザインが随所に施され、個性的なグリル、4つ目のヘッドライト、リバース・レークのリアウィンドウもはまっている。2ドアクーペはさらにスマートだった。ただしこのクルマ、美しいのは見かけだけという典型だ。フォードにしてみれば厄介ものもいいところで、開発に莫大な金を費やし、高い生産費をかけて作ったはいいが、たいして売れず、もっと普通っぽいデザインのクルマに顧客を取られる始末。3ベアリング・エンジンにも問題があり、ビッグエンドが早々に壊れがちだった。おまけに見かけは素敵でも、乗り心地はちっとも素敵じゃなくて、加速は鈍いし、ボディが重すぎて、やけに細いタイヤはすぐにグリップを失った。結局、生産は3年で打ち切られ、後継のコルチナに取って代わった。コルチナは大成功を収めた。

それを見たクラシック／カプリのオーナーの多くがコルチナのエンジンを愛車に積んでみたところ、これが見事に当たり、かなりいいクルマに変身した。フォード社にもそんなアイデアがあれば、あるいはクラシック／カプリもヒット車になれたかもしれない。もっとも、コルチナが売れまくり、フォード念願の収益増を果たしてくれるなか、前任車はもはや無用の長物になっていたが。

スペック

最高時速：153 km/h
加速時間(0～96 km/h)：13.7 秒
エンジン：直列4気筒
排 気 量：1340 cc
総 重 量：898 kg
燃　　費：9.9 km/L

このシリーズは見かけ倒しの典型だ

←なぜトランクにデッキチェアを置いて座っているのか、皆目見当がつかない。中が満員で、座席が足りなくなったのか。

／カプリ109E

1961〜64年 イギリス

クラシック／カプリ109E「ウィングがあるからといって、飛ぶように走るわけではない」

スタイリングは確かに個性的。当時、ボンネットよりもトランクのほうが長いクルマは他になかった。

早期退職

すぐさま失敗に気づいたフォードは、クラシック／カプリの発表からわずか2年ほどでコルチナを投入。新人の大活躍を尻目に、前任車は静かに引退した。

スポーティーに見えなくもないが、運転して楽しいクルマではない。車重がありすぎるせいでハンドリングも重たいし、走りもぱっとしなかった。

最初期型のエンジンは3ベアリング。車重がかなりあったためにエンジンが過酷な労働を強いられ、おかげでビッグエンドが早々といかれた。

リアウィンカーまで真っ直ぐに伸びるフェンダー・ラインは109Eらしさのひとつ。見かけはいいのだがサビの温床で、ここを発端にしてフロント部まで冒されることに。

フォード・エスコート

FORD ESCORT

欧州のプレスからさんざんにこき下ろされた1台。前モデルは9年の長きにわたって生産され、このクラスではかなりよくできたクルマだっただけに期待は高かったのだが、90年、英バーミンガムにおけるモーターショーでの発表時から、平凡な外見に批判が相次いだ。

試乗したら試乗したで、音がうるさく、洗練さがひとつも感じられず、装備もぱっとしないくせに値段は張ることがわかり、またもプレスから罵声が飛んだ。

結局、フォードは2年後に早くもマイナーチェンジを実施。外見だけでなく、エンジンにも手を加えたおかげで、パワー面はかなり改善された。

だが他はほとんど改良しなかったため、家族向けハッチバック・モデルはあっという間にひどいサビに見舞われるうえ、カムベルトがいかれやすいという問題も。ただなぜか、ステーションワゴンだけはハッチバックやセダンほどサビないらしいから、不思議。

The New
Escort
POPULAR · LX · GLX · GHIA · CABRIOLET · ESTATES

音がうるさく洗練されておらず、装備はぱっとしないのに値段が張る

スペック	
最高時速	179 km/h
加速時間(0~96 km/h)	11.9 秒
エンジン	直列4気筒
排気量	1597 cc
総重量	1000 kg
燃費	11.3 km/L

←90年のフォードのパンフレット。3ドア、5ドア、ステーションワゴン、カブリオレのほかにオライオンという4ドア・サルーンもあった。

エスコート「究極の平凡」

フォードの一押しはこのXR3i。だがパワー不足で機敏さにも欠けたため、パフォーマンス重視の消費者の心をつかむには至らず。

無味有害

第一の問題は、この退屈な見かけ。買いたいと思う人はほとんどいなかったし、買ったら買ったで、今度はあまりにひどい出来にがっかり。

シャーシも魅力に欠け、ステアリングもぱっとしない。アンダーステアがひどく、ステアリング・フィードバックはほぼなし。

老朽化したエンジンを積まれたことも不人気の要因。OHVのエントリーモデルは頑丈だが、洗練さに欠けた。排気量の大きいOHCのほうが出来はよかったが、ライバル車と比べて燃費が悪かった。

見事な期待はずれに終わった1台。最大の欠点は、味も素っ気もないこのありきたりなスタイリング。

フォード・ムスタングMk.II

FORD MUSTANG Mk.II

フォード社が何を考えていたのかは知る由もないが、このMk.IIのおかげで、大金を稼ぎ出した輝かしい車名に泥が付いたのは確かだ。1964年発売の初代ムスタングはクラシックと呼ぶにふさわしい名車だったが、73年の後継モデルは完全なる駄車。まずは全体に痩せすぎて迫力がなくなり、バンパーがばかみたいに大きくて、ラジエーター・グリルがやけに派手と、初代にあった外見の魅力をことごとく破棄しているのには、あきれるしかない。

初代にはあった運転する楽しみを、設計チームがすべて取り払った

外見だけでなく中身も、運転の楽しみをあえてひとつ残らず取り除いたかと思うほどつまらなくなった。テールをぶんぶん振っていたシャーシに代わって、勢いゼロの柔らかすぎるサスペンション設定に変更。エンジンも厳しい排ガス規制に合わせるべく、著しくパワーダウンした。

これでは各方面から激しく叩かれたのも無理はない。晩年には新型のV8エンジンを搭載、サスペンションを改良したモデルが登場したが、地に落ちた人気が元に戻ることはなかった。

Ghia interior. Console optional. 4-speed transmission. Stallion with optional racing mirrors, RWL tires, forged aluminum wheels and 2-tone paint.

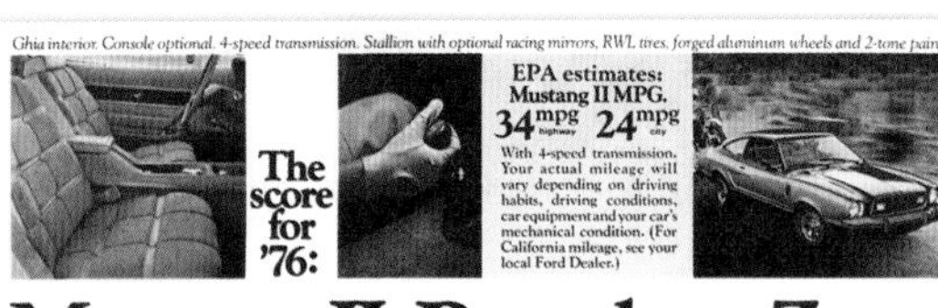

Mustang II. Boredom Zero.

Mustang II Ghia in new Creme exterior. Options shown: Dual remote mirrors, WSW tires.

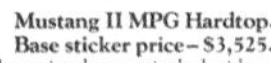

Mustang II MPG for '76: racy shape, rich interior, 4-speed stick, rack-and-pinion steering, tachometer, overhead-cam engine and excellent EPA ratings.

Mustang II. On looks alone, it delivers you from dull. Move it out...you'll find it's just plain fun to drive. A road machine that gives you many of the features you find in more expensive European sports cars.

Designed to be designed by you. Economy car. Luxury car. Sports car. Ford Mustang II can be almost anything you want it to be. From the spritely Hardtop to the elegant Ghia to the exciting new Cobra II to the sporty 3-door 2+2 to the handsome Mach 1, there's more choice than ever.

Mustang II MPG Hardtop.

For a little extra kick—Stallion. For instance, there's the lean and racy new Stallion, in 2+2 or Hardtop models, with special ornamentation, blacked-out window moldings and grille, distinctive Stallion decal, styled, steel wheels and more.

Full instrumentation. Tachometer standard. Optional AM/FM stereo, tape and A/C.

Mustang II MPG Hardtop. Base sticker price—$3,525. That price does not include title, taxes and destination charges. But it does include a proven 2.3 liter overhead-cam engine, rack-and-pinion steering for precise handling, front disc brakes, 4-speed manual transmission with floor-mounted short-throw shift. Tachometer. Bucket seats. Solid-state ignition. And more.

The closer you look, the better we look. See your local Ford Dealer.

FORD MUSTANG II

FORD DIVISION Ford

スペック

最高時速	156 km/h
加速時間（0～96 km/h）	13.0秒
エンジン	V型6気筒
排気量	2798 cc
総重量	1382 kg
燃費	7.1 km/L

←「ムスタングIIに退屈なし」？　ふざけているとしか思えない。名車の誉れ高い初代に比べれば、このクルマ、退屈極まりなしなのに。

Mk.II「ムスタング一族の厄介もの」

横から見ると、初代との共通点はほとんどない。というか、どこにでもある古くさい2ドアセダンにしか見えない。

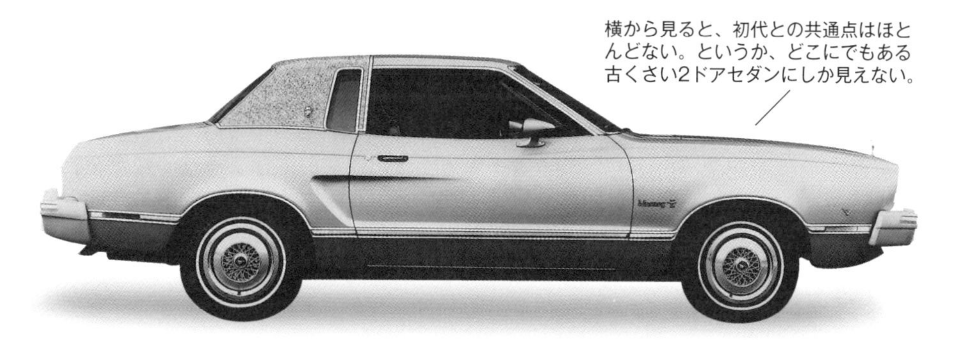

インテリアもダメ

内装もおぞましい。パネルはブラックかホワイト、または悪趣味なあめ色のプラスチック製で、シートはその辺の安食堂から盗んできたかと思うほどチープ。

厳しい排ガス規制にも追い打ちをかけられた。エンジンは出力を落とすしかなく、アクセルをいくら踏んでもせいぜい160km止まり。かつてのアメリカの伝説が、ヨーロッパのコンパクトカーより遅いという悲しい事態に。

サスペンションはヤワすぎるし、後輪駆動のレイアウトも最悪。走る喜びを味わえた初代の特徴がすべて消え、大通りをのんびりと流すクルマに変身。

初代はデザインも抜群だったが、それが引き継がれていない。どこを見ても、調和と呼べるものが一切なし。バンパーが大きすぎて、他と釣り合わず。

フォード・ピント
FORD PINTO

シボレー・コルベアと同じく、悪評による大打撃を受けたクルマ。登場からわずか2年、安全性の問題を追及された結果、大規模なリコールが行われた。発端は後ろから追突されると、給油管が破裂して炎上する事故が相次いだこと。しかもフォード社はテスト段階から問題に気づいていたにもかかわらず、給油口を変えるのに1台50ドル程度のコストがかかることから規格変更を見送っていた事実も発覚。たちまち、同社は非難の集中砲火を浴びた。敗訴後にフォードはようやく変更を実施。ピントから当該の危険因子は取り除かれたが、一度ついてしまった悪印象はぬぐえなかった。

初めから本気で作ったクルマとは思えなかった

さらに作りも雑で、早くからサビに見舞われたことも不人気に拍車をかけた。

発売当初こそよく売れたが、いいクルマとはお世辞にも言えなかったピント。リセールバリューがゼロに等しいと知るや、大半のオーナーが愛車を野ざらしに。結果、多くがサビだらけの死を迎えることになった。

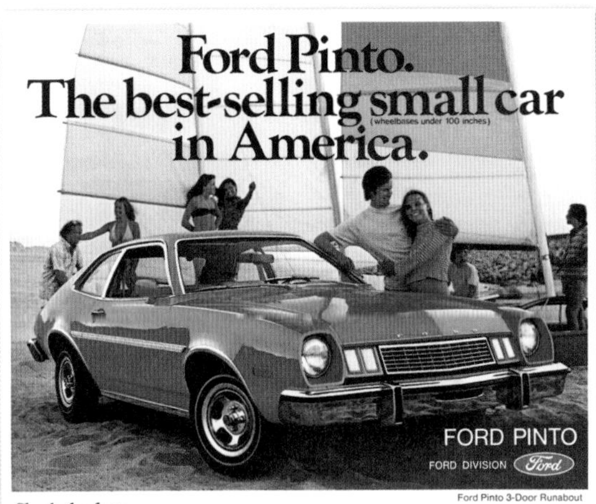

Ford Pinto 3-Door Runabout

Check the facts:

1. Low price plus . . . Pinto starts out with a low price. But that low price includes a powerful cast-iron engine for climbing steep hills, passing quickly, and entering highways confidently. Pinto also has a wide track to help give it a comfortable, stable ride. And every Pinto has a sporty suspension system and rack-and-pinion steering for precise, responsive handling.

2. Excellent mileage.

39 mpg highway	27 mpg city

EPA estimates: With 2.3 liter engine, manual transmission, 2.73 axle without air conditioning, power steering and power brakes. Your actual mileage will vary depending on your car's condition, optional equipment, and how and where you drive. California and high altitude ratings lower.

3. Scheduled maintenance reduced $353.

- Over the past four years, more than 75% of the scheduled maintenance requirements on Pinto's 4-cylinder engine have been reduced or eliminated. That's an estimated reduction in costs of $353.
- So today, the base Pinto's average scheduled service is estimated at only $186 for the first 50,000 miles.

Based on Ford's Service Labor Time Standards Manual, a $13.50 labor rate, and suggested retail parts prices in effect 8/31/76

4. High resale value.

Pinto consistently has high resale value. Compare Pinto's resale prices to Vega's, for example:

Used Car Retail Prices, January 1977

MODEL YEAR	VEGA	PINTO	Pinto Advantage
1973	$1,264	$1,489	$225
1974	$1,572	$1,861	$289
1975	$1,958	$2,306	$348

Source: National Average N.A.D.A. Used Car Guide

It's easy to see why most small cars have a tough time beating Pinto's built-in and lasting value.

And more...

- Durable and reliable 2.3 liter cast-iron engine.
- Roomy, comfortable interior.
- Exciting options.
- Rugged unit-body construction.
- The best rust and corrosion protection system in Pinto's history.
- More than 5,500 Ford Dealers.

←一時は米国でベストセラーになったが、フォード社は気が気でなかったに違いない。売上が増すほど、未来の訴訟の数も増えたのだから。

スペック

最高時速：131 km/h
加速時間（0～96 km/h）：18秒
エンジン：直列4気筒
排気量：1599 cc
総重量：979 kg
燃費：9.9 km/L

ピント「売れたからいいクルマ、とは言えない」

急勾配のリアはどう見てもかわいくないし、実用性にも欠ける。トランクが狭く、後部座席もかなり狭苦しかった。

ブラジルで笑いもの

ブラジルでは冗談の種に。理由はこの車名にある。「ピント」はポルトガル語で、ベッドでさえない男を指すスラングだ。

エコノミーカーだけに、内装にも金がかかっていない。何の変哲もない黒いプラスチックが主で、装備も良く言って質素。

給油口に問題があり、後ろから追突されると簡単に炎上する危険があった。フォードはこの欠陥を知っていたにもかかわらず、訴訟が相次ぐまで放っておいた。

失った信用を取り返そうにも、作りが粗雑ではどうしようもない。シルと化粧板がサビの餌食に。

フォード・スコーピオ
FORD SCORPIO

90年代半ばから後半、欧州のエグゼクティブカー市場では、消費者がドイツやスウェーデン製など、高級なイメージのあるクルマに流れていった。そんななか、かつての王者フォードの期待を一身に背負って登場したのがこのクルマだったのだが、結果は惨敗。パフォーマンスに劣っていたわけではない。それどころか、フォードが93年のモンデオで世界的に確立した評判どおりの優れた後輪駆動の大型サルーンで、作りも悪くなく、装備はまずまずで、価格はライバル車よりもかなり控えめだった。

それなのに、なぜ売れなかったのか？理由は一目瞭然、このマヌケ顔にある。口をあんぐりと開けたカエルにしか見えない。クルマ選びにおいて第一印象の占める割合の大きさがよくわかる。

当然と言うべきか、これ以降、フォードは欧州エグゼクティブカー市場から撤退した。ちなみに、クルマの見かけにこだわらない人限定だが、エステートモデルはお勧めだ。中が広々としているし、中古ならかなり安く手に入る。しかも醜いのはフロントだけで、リアから見れば、グラナダと変わらない。平凡だが、害はない。

気合いは入っていたが、結果は惨敗

←このキャッチコピーによれば、スコーピオは別世界のクルマらしい。その世界ではきっと、カエル顔が人気なのだろう。

スペック

最高時速：222 km/h
加速時間（0～96 km/h）：9.0秒
エンジン：V型6気筒
排 気 量：2933 cc
総 重 量：1581 kg
燃　　費：9.9 km/L

スコーピオ 「エグゼクティブな広さを誇るカエル」

最大の問題が、このぎょろ目のヘッドライト。モーター誌の記者から口を開けたカエルになぞらえられたのも当然だ。

第一印象

走りはいいし、装備も抜群。だがこの顔のせいで、エグゼクティブカー市場ではまるで受けなかった。

装備は良いものの、キャビンは当初からやや時代遅れの感もあり。ダッシュボードはグラナダと見分けがつかないほどで、後部シートも狭苦しかった。

乗って初めて良さがわかるクルマ。ベースはグラナダだが、シャーシはグラナダよりもはるかにしっかりしているし、ステアリングもシャープ。

写真は最高級モデルのスコーピオ・エグゼクティブ。マヌケな外面は変わらないが、内装はかなり豪華。

FSOポロネズ／カロ

FSO POLONEZ/CARO

ポーランドのメーカーと組んでもイメージが悪くなるだけだとしてフィアット社に手を引かれた後、ＦＳＯ社が単独で開発したクルマ。ボディは一新したが、サスペンションのセットアップは従来のもので、エンジンもライセンス製造のフィアット製1500cc。スタイリングもいいとは言えず、台形風のボディや丸目４灯の顔など当時の欧州市場の流行に沿ってはいるが、勧められる点はないに等しい。ステアリングは最悪で、作りも粗悪。しかも超がつくほど安物のペイントのせいで、早くからひどいサビに見舞われた。さらにハッチバックのくせに後部シートが倒れない、という重大な欠陥も。

90年代にカロの名でごく短期間だけ復活、エンジンはプジョー製に変えられたが、出来の悪さは変わらなかった。

どういうわけか、ＦＳＯはカロにピックアップ・トラック・モデルも加えたが、形は変われど、ひどさは変わらず。一般客よりも概して文句の少ない商用車の購買層も、さすがにこれには早々と愛想を尽かし、もっと便利なクルマに乗り換えた。たとえば、一輪車とかに。

POLONEZ PRIMA.
At the top of the FSO range, the 1600 Polonez Prima is a hatchback with a difference. The bodywork features attractive side stripes and the Prima name badge, while stylish, co-ordinated road wheels give a sporting touch.
The fitted sunroof will add to your driving pleasure, as will the five-speed gearbox, stereo radio cassette player, cigar lighter and quartz clock that are just a few of the many features that come as standard equipment.
The aerodynamic lines of the Prima are complemented by a front and rear spoiler. Producing 87bhp, it can comfortably reach a top speed of around 100mph, providing the right degree of nippy performance without sacrificing economy.
If you're looking for a practical hatchback with style, comfort and value, put the Prima first. Your FSO dealer will be pleased to offer you a test drive and discuss the comparative merits of the four models in the Polonez range.

ステアリングは最悪で、作りも粗悪

スペック

最高時速：150 km/h
加速時間（0～96 km/h）：18.8秒
エンジン：直列４気筒
排気量：1481 cc
総重量：1106 kg
燃費：9.9 km/L

←夕暮れだが、このポロネズの持ち主は立ち往生中。このままそこで夜を明かしそうな雰囲気だ。

ポロネズ／カロ「エンジン付きの一輪車」

モダンな外見にしたかったのだろうが、結果は失敗。西側諸国で売られたクルマにはフロントフォグランプ、４灯丸目のヘッドライト、ゴム製モールディングなどが付いていたが、消費者はだまされなかった。

欧州のクズ

全体のデザインこそ当時のヨーロッパの流行からそう遠くはないものの、魅力はない。車高がやけに高いため、操縦性もかなり悪かった。

東欧のでこぼこ道を想定していたため、車高は高い。おかげで、でこぼこの少ない西欧の道では操縦性の悪さが問題に。

キャビンも最低。使い勝手が悪く、プラスチック類は安物。しかもハッチバックのくせに後部シートが倒れないから、トランクスペースはごく狭かった。

ＦＳＯが独自にエンジンを作れなかったため、フィアット125のエンジンを使用。50年代に開発されたなんとも古いものだった。

ヒルマン・インプ

HILLMAN IMP

雇用対策に利用されなければ、英国自動車史に残る名車たりえた１台。失敗の責任はメーカーのルーツ・グループと英政府にある。ルーツ社は政府支給の金で失業問題が深刻だったスコットランドのリンウッドに工場を新設。元造船技師を集めてインプの製造にあたらせた。ところがコベントリーの同僚の賃金のほうが上だという噂を耳にした労働者たちが激しい労働闘争を起こし、そのしわ寄せがインプの開発および質におよぶことに。それでも生産第１号をエジンバラ公が運転することになり、ルーツは開発不充分のままインプの生産を急がせる。結果、最初期のモデルは目を疑うほど信頼性に欠けるクルマになってしまった。オーバーヒート、ドライブシャフトの故障、雨漏り。おまけに塗装の仕上げも目を覆いたくなるほどチープ。走りは悪くなかっただけに、残念でならない。

最初期のモデルは目を疑うほど信頼性に欠けた

Test-drive an IMP – it's an amazing experience you owe yourself

HERE'S FULL-SIZE FAMILY MOTORING WITH REAL PERFORMANCE, RELIABILITY AND SUPERB ECONOMY

★ TAKES FOUR WITHOUT SQUASH, FUSS OR EFFORT
Easily takes four adults—with luggage—in extreme comfort. Back window lifts up, rear seat folds down to give estate car convenience.

★ OUTSTANDING FUEL ECONOMY AND LOW SERVICE COSTS
Touring consumption of 40-45 m.p.g. (higher still with careful driving). No greasing; routine service once every 5000 miles.

★ SUPERB TRACTION UNDER ALL ROAD CONDITIONS
Balanced weight distribution over all four 12" wheels. First-class road-holding.

★ ACCELERATION THAT PUTS OTHERS IN THE REAR-VIEW MIRROR
875 c.c. 0-50 m.p.h. in 15 seconds. Up to 80 m.p.h.

★ SAFETY IN SUSPENSION—SAFETY IN BRAKING
Independent suspension. Big brakes take the strain of hard braking without any sign of fade.

★ ALUMINIUM OVERHEAD CAM ENGINE, ALL-SYNCHROMESH GEARS
Lightweight rear engine gives a high performance economically and effortlessly. 4-speed synchromesh gear box.

IMP Saloon £420 plus p.t. IMP de Luxe £440 plus p.t. IMP de Luxe has heater and unique 'thru-flow' ventilation, screen-washers, opening quarter lights, four stowage pockets, fully-carpeted floor, twin sun-visors, safety belt anchor points all included. Whitewall tyres and overriders available as extras.

AN IMP FOR £3. 3. 10. A WEEK

Through the hire purchase terms offered by ROOTES ACCEPTANCES LIMITED—

Cash price (Ex Works)	£508 1 3
Initial payment	£101 12 3
36 monthly payments, each of	£13 16 7

Modern design and styling will maintain Imp's high resale value for years to come

HILLMAN IMP
MAKE A DATE WITH AN IMP TODAY!

Made in Scotland by ROOTES MOTORS LIMITED

HILLMAN MOTOR CAR CO.LTD · DIVISION OF ROOTES MOTORS LIMITED · LONDON SHOWROOMS AND EXPORT DIVISION: ROOTES LIMITED · DEVONSHIRE HOUSE · PICCADILLY · LONDON W.1

←インプの試乗が「素晴らしい経験」なのだとしたら、これよりもはるかにいいクルマの運転は、いったいどんな経験になるのだろう。

スペック	
最高時速	130 km/h
加速時間（0～96 km/h）	25.4 秒
エンジン	直列４気筒
排気量	875 cc
総重量	688 kg
燃費	13.1 km/L

インプ「不運な星の下に生まれて」

上開きのリアウィンドウと後部座席の間の狭いスペースが荷物置き場。収まらない場合は、ボンネット下のスペアタイヤとご一緒に。

インプ一族

インプは派生モデルがかなり多かった。２ドアクーペのシンガー・シャモアやサンビーム・スティレットに、パネルバンのコマー・コブなどなど。

賢い工夫がいくつもされていた。リアウィンドウが上に開き、後部座席の後ろに荷物を置けるようにしたのもそのひとつ。クルマの作りさえちゃんとしていれば……。

スペアタイヤはボンネットの下に。エンジンが後ろ積みなので、スペアタイヤは前後の重さのバランスを取る役目も担っていた。

粗悪な作りのせいですべてが台無しに。雨漏りは当たり前で、サビに弱く、特にフロント・ファイアウォールとドアボトムのサビがひどかった。

ジャガーXJ40

JAGUAR XJ40

「世界を征する英国車」。ＸＪ40が1986年10月、モーターショーでデビューを飾った時の謳い文句だ。確かに、カタログ上はそうだった。ＸＪ６に代わるモデルを作る案は72年から出ていたが、諸問題からなかなか実現までに至らず、構想14年、ついに世界一の精密機械を擁するクルマとの触れ込みでショールームにお目見えした。

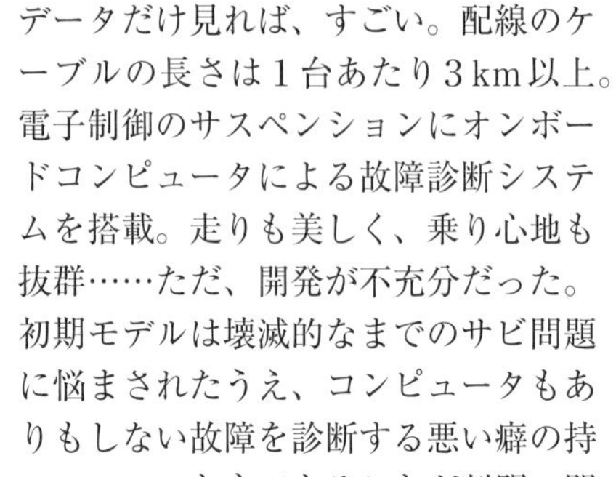

データだけ見れば、すごい。配線のケーブルの長さは１台あたり３km以上。電子制御のサスペンションにオンボードコンピュータによる故障診断システムを搭載。走りも美しく、乗り心地も抜群……ただ、開発が不充分だった。初期モデルは壊滅的なまでのサビ問題に悩まされたうえ、コンピュータもありもしない故障を診断する悪い癖の持ち主であることが判明。問題を改善した後期モデルは良かったが、特に最初期のものは最悪だった。

この世で最高水準の技術を駆使しているはずなのに

タイヤ業界は一般にインペリアルであるにもかかわらず、なぜかＸＪ40はメトリック・タイヤで販売。そのためこのクルマのタイヤ提供に手を挙げたのはわずか２社で、当然、価格もふっかけてきた。おかげで、たかがパンクにオーナーは無駄に高い金を払わされるはめに。

←最高から最低へ：最高級車として命を受けたが、死ぬ時はお笑い種に。

スペック

最高時速：235 km/h
加速時間（0〜96 km/h）：7.4 秒
エンジン：直列６気筒
排気量：3590 cc
総重量：1653 kg
燃費：6.4 km/L

XJ40「ジャガーの冗談」

構想にやたらと時間がかかったのに、蓋を開けてみれば、見かけは前モデルとほぼ同じ。消費者の好みを考慮した、がジャガーの弁だったが……。

タイヤ問題

1990年にはメトリック・タイヤから15インチのインペリアルに切り替えたのだが、スポークパターンはまったく同じだったため、消費者もタイヤ屋も混乱させられた。

全モデルにアンチロック・ブレーキ・システムを標準装備。が、これがしょっちゅう警告する厄介もので、センサーの誤作動によりダッシュボードのディスプレイに故障の知らせが何度も点灯。運転手のいらいらを募らせた。

ダッシュボードは当時最先端のＬＣＤディスプレイ。親切に故障の危険を知らせてくれるはずだった、のだが、警告するのはほぼ毎回、ありもしない故障ばかり。おかげで本物の故障を伝えても、オーナーに無視されることに。

初期モデルは早々とサビの餌食に。特に脆弱だったのはリア・ホイールアーチ、フロントの化粧板、シル、ドアボトム。

ランボルギーニ・エスパーダ

LAMBORGHINI ESPADA

確かに魅力的ではある。1969年のデビュー当時は、生産車としては世界最速の4シーターで、長いノーズにきっちりと収められたV12エンジンは獰猛そのものだった。だがいくらパワーがあっても、コントロールできなければ意味がない。悲しいかな、ステアリングが冗談かと思うほど重く、砲丸投げの選手並みの腕っ節がないとカーブを曲がれないほど。だがそれよりも何よりも、最大の問題は信頼性の欠如にあった。速く走りすぎるとエンジン・オイルがすぐに切れたし、作りも全体に粗悪。二重ガラスのドアとやけに長いノーズもおかしいが、内装の奇妙さには負ける。スイッチ類の配置は常軌を逸していたし、おまけに数年でどれも使えなくなったし、アースの腐食で電気系の問題も続発した。興味はそそられるが、いいクルマではない。

唯一の取り柄は、後部座席のレッグルームが当時の2×2に比べて余裕がある点か。大人が2人、その気になれば座れる（ただし、仲のいい友人同士が条件）。もっとも、リア・レッグルームだけを目当てにランボルギーニを買う者はいないけれど。

物珍しいだけにしろ、コレクターズ・アイテムであるのは間違いない。値段的には、あなたにも買えるかもしれないランボルギーニの1台。見つかれば、の話だが。

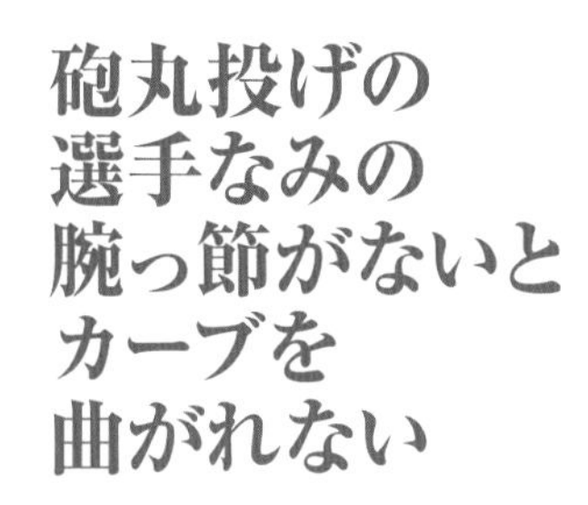

スペック

最高時速：248 km/h
加速時間（0～96 km/h）：6.9 秒
エンジン：V型12気筒
排 気 量：3929 cc
総 重 量：1683 kg
燃　　費：6.0 km/L

←「拍手は結構」と謳っているが、いい心がけだ。拍手などもらえるクルマではなかったのだから。

エスパーダ 「制御不能のパワー」

当時、ランボルギーニ最大のクルマ。全幅と全長はジャガーＸＪ６と肩を並べた。

文字どおりの暴れ馬

獣並みのパワーを備えた、言ってみればランボルギーニらしい１台。だが手なづけるのにひと苦労だったし、信じられないくらい故障がちだった。

問題の宝庫だったが、ボンネットの下は例外。驚愕のパワーをたたき出すV12エンジンは文句なしの逸品だ。

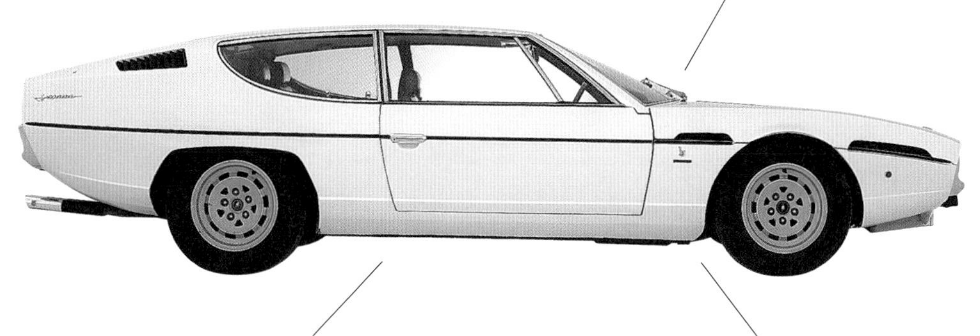

駐車場でドアを開けるときはご注意を。ガラスをぶつけると、下側が簡単に粉々になる恐れがある。

内装はまるで理にかなっていない。スイッチ類はわけの分からない位置にあり、運転中にヘッドライトをつけるのにさえ苦労する始末。

レクサスSC430

LEXUS SC430

トヨタが誇る高級車ブランド、レクサスが近年のクルマ業界で屈指の成功劇を演じたのは間違いない。1989年の登場以来、素晴らしいクルマを発表してきたレクサスだが、SC430は話が違う。このクルマ、メルセデス・ベンツSLシリーズの対抗馬として送り込まれたのだが、高級車とスポーツカーのいいところを乱暴にひとつにしただけで、細部まで考えられていない。SLそっくりの折りたたみ式メタルルーフまであるが、ベンツと違い、品性がかけらもない。

内装は豪華そのものだが、高級車で最も大切なセンスが少しも感じられないし、性能についても見るべきものはない。すでに名を成しているライバルたちに比べて、走りがどこかぎこちなく、何よりもステアリングがどうしようもなかった。

これらの欠点を改善すべく、レクサスは2004年にマイナーチェンジを実施。メーカーは乗り心地とハンドリングの向上に努めたと言うが、走りは依然としてライバル車に大きく水をあけられたままだったし、ステアリングとハンドリング性能を上げたせいで乗り心地がかえって悪くなる結果に。

スペック

最高時速：250 km/h
加速時間（0～96 km/h）：6.4 秒
エンジン：V型8気筒
排気量：4293 cc
総重量：1720 kg
燃費：8.1 km/L

高級車で最も大切な趣味の良さを完璧に欠いている

↓見るべきは、迅速かつ静かに折りたたまれるルーフだけ。

S430「センス皆無の高級車」

豪勢だが

世界屈指の高級車作りに定評のあるレクサスだが、残念ながらスポーツカー作りは思いどおりにいかなかった。

ルーフをしまうと、途端に洗練さを失う。風が後ろで渦を巻き、その音がうるさいったらない。

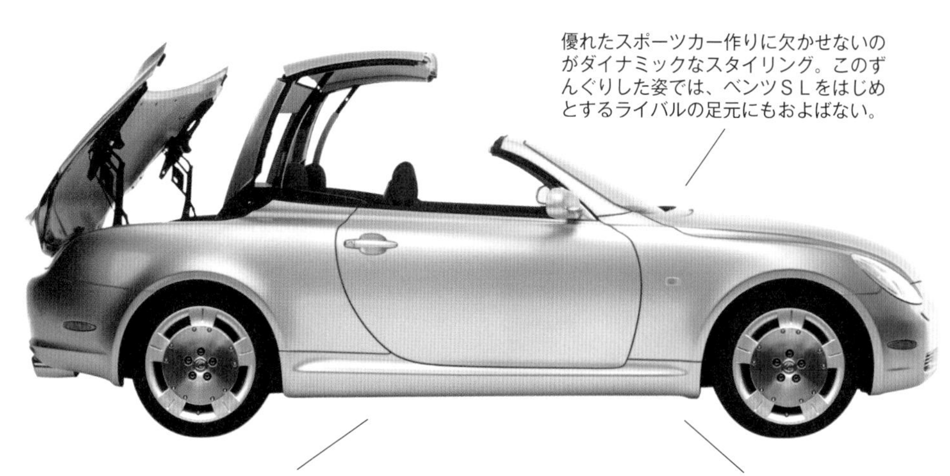

優れたスポーツカー作りに欠かせないのがダイナミックなスタイリング。このずんぐりした姿では、ベンツＳＬをはじめとするライバルの足元にもおよばない。

褒めるべき点はたいしてないが、ルーフはよくできている。ボタンひとつで、20秒もしないうちに後ろにしまわれる。

エンジンはレクサスLS430のV8。本来クルージングに適したエンジンで、スポーツカーには向いていない。スピードは出るが、トップエンドの吹き上がりが悪い。

メルセデス・バネオ
MERCEDES VANEO

近年、メルセデスは高級車の枠に留まらず、ありとあらゆる市場にその手を広げ、超小型のＡクラスやＳＬＫロードスターなどで目をみはるべき成功を収めている。だが、ことミニバンとなると、どのモデルもぱっとしない。巨大なバンをベースにしたＶクラスもさえないが、このバネオは特にひどい。金になる市場でひと儲けを狙ったのだろうが、明らかな失敗作だ。

正しくはバンではないが、そう見えるし、名前も悪い。いわばファミリーカーを装った商用車だ。エンジンはパワー不足で、ハンドリング性能ははっきり言って並み。内装は豪勢だが、メルセデスが長らく誇ってきた品質と統一感のいずれにも欠ける。売上がたいして伸びなかったのもうなずける。

ベースの初代Ａクラスは2005年にフルモデル・チェンジをしたが、バネオはその生産プランから外された。もちろん、偶然ではないだろう。隙間市場を狙いすぎて失敗した典型で、端的に言えば、需要がなかった。このクルマを路上でめったに見かけないという事実がすべてを物語っている。

スペック

最高時速：180 km/h
加速時間（0～96 km/h）：11.1 秒
エンジン：直列４気筒
排 気 量：1598 cc
総 重 量：1290 kg
燃　　費：12.0 km/L

エンジンはパワー不足で、ハンドリング性能も平均点どまり

←外見はバンだが、内装はメルセデスらしく豪華。ただ、それだけでは買う理由にならない。

バネオ「バンを化粧しただけのミニバン」

フロントは滑らかなフラット。空力を考えてのことだろうが、チーズのかけらに見える。

名前に反して、ベースはバンではない。それなのに、なんでこんな形？

エンジンはメルセデスのＡクラスのものを使用。小型車にはいいが、バネオには合っていないし、燃費も良くない。

広さはあるし、７人乗り版まであるが、値段が高すぎ。シトロエンやプジョー、フィアットのライバル車のほうがはるかにいい仕事をしてくれる。

愛されず、求められず

メルセデスのミニバン作りの下手くそぶりがわかる好例。エンジンはこのサイズのクルマにしてはパワーが足りないし、そもそも、どうしてまたこんな不格好にしたのだろう？

ミニ・クラブマン

MINI CLUBMAN

完璧をいくらいじっても、それ以上は良くならない。ミニ・クラブマンがその厳然たる証だ。登場は1969年。当時10年目を迎えたミニの改良型、のはずだった。アレック・イシゴニスの手になる完成したボディと、いかにもぱっとしない車マキシと同じノーズの合体というアイデア自体は悪くない。オリジナル・ミニのエンジンルームは詰まりすぎで、作業がしにくいのが難点だったからだ。ただ、責任者が誰かは知らないが、オリジナル・ミニの美しさに特に思い入れがなかったのは間違いない。どう見ても前が長すぎるし、四角いノーズと丸みを帯びたオリジナル・ミニのテールは釣り合いが悪すぎる。結果、デビューから12年、クラブマンは生産を打ち切られ、片やミニは生き続けた。

ただしこのクルマ、ミニの改良型の中でも指折りの名車を生んだ点は評価してしかるべき。1970年に登場したクラブマン1275ＧＴである。初代ミニ・クーパーの精神を受け継いだクルマで、名ラリー車の血は流れていなかったかもしれないが、運転して楽しい１台だった。

もしもオリジナル・ミニが存在せず、クラブマンしかなかったのであれば、あるいは名車の仲間入りをしていたのかもしれない。だが現実には、変える必要のないクルマを変えるというメーカーの失態の証であり、存在自体が無意味なクルマの代表だ。

オリジナル版の美しさに共感できない人間がデザインしたに違いない

←確かに英国の国土は狭い。だが、それでも端から端までミニ・クラブマンで走ると、かなりの不快感を味わうことになるはず。

スペック

最高時速：145 km/h
加速時間（0～96 km/h）：13.3 秒
エンジン：直列４気筒
排気量：1275 cc
総重量：699 kg
燃費：14.2 km/L

クラブマン「入る価値のないクラブ」

クラブマンの走り屋モデル1275GT。伝説のクーパーに替わる存在として登場した。運転は楽しかったが、先代にはかなわず。

団子鼻

オリジナル・ミニを改良しようというアイデアは悪くなかったが、結局は失敗に終わった。こんな不格好なノーズをくっつけたばかりに、スマートなルックスが台無しに。

フロントはオースチン・マキシに似ている。無論、マキシのダメさ加減を考えると、自慢できることではない。

エンジンは標準モデルのミニのものだが、エンジンルームには余裕があった。1275GTはミニ・クーパーと肩を並べるほど速く、価格もかなり低かった。

標準モデルのミニよりもしゃれた感じを狙ったため、計器類は中央からドライバーの正面に移動。おかげで運転者から見えにくいというお粗末な結果に。

三菱カリスマ
MITSUBISHI CARISMA

これほど名前に似つかわしくないクルマも珍しい。カリスマ性は一切感じられないし、取り柄と呼べるものもない。どこにでもあるスタイリング、ごく普通の灰色のプラスチックを張り巡らせたキャビンに、おぞましい布製のシート。エンジンは根性のない、うるさいだけの4気筒で、ギアチェンジはまるでゴムを触っているみたい。おまけに地震の際の空き瓶入れみたいな音がするディーゼル・モデルまであった。まさかわざと買い手の腰を引かせたかったわけではなかろうが、走りにも見るべき点は皆無で、アンダーステアがひどく、乗っていて恐ろしいことこのうえなかった。あえていい点を挙げるなら、広いトランクとまずまずの信頼性か。ただし、それだけでいいクルマにはならない。あなたがタクシー運転手なら話は別だけれど。

改良は1999年、次いで2002年に行われたが、誰も違いに気づかなかったし、違いを見つけたいとも思わないほど文字どおりのマイナーチェンジ。なぜわざわざ、と首を傾げるしかない。本書の編集部にすれば、もっと特徴なり何なりを挙げてほしいところだろうが、特に書くことがないのだから仕方がない。つまりそれがこのクルマの特徴で、取り立てて注目すべき点は他に何もない。

二度にわたるマイナー・チェンジはまったく無意味だった

スペック

最高時速：200 km/h
加速時間（0～96 km/h）：10.4 秒
エンジン：直列4気筒
排 気 量：1834 cc
総 重 量：1115 kg
燃 費：14.4 km/L

The new Mitsubishi
CARISMA
CARISMA
Designed for the individual
MITSUBISHI
MOTORS

←右下に「個性ある人へ」と謳われているが、断言しよう、広告に偽りありだ。

カリスマ「皮肉なネーミング」

げんなりするほど無個性

まさしく名前負けのクルマ。見た目は平凡、座り心地は並み以下、運転は退屈。どこを取っても、カリスマ性なんて微塵も感じられない。

何か興味をそそる点はないかと頭をひねったのだが、申し訳ない、何も見つからなかった。

灰色のプラスチックに囲まれた内装は、気が滅入ることこの上なし。固い布製シートは座り心地も悪い。

三菱は耐久性のあるエンジン作りで知られるが、カリスマのエンジンはうるさくて洗練さに欠ける。ギアチェンジはゴムみたいな感触で不快。

これほど目を引かないクルマも珍しい。名前とは裏腹な当たり障りのない曲線に、何の変哲もない横姿。

日産セレナ

NISSAN SERENA

もしも「最低の退屈車」賞があれば、かなりの確率でその栄冠に輝くと思われる1台。90年代に日産から登場したミニバンで、ルノー・エスパスやフォード・ギャラクシーと張り合わせるつもりだったのだろうが、それは無理というもの。ハンドリングは身の毛もよだつ代物で、スタイリングも最悪、内装はシベリアの冬よりも暗く寒々しいのだから。

ボディシェルは同社パネルバンのバネットがベースで、サイドのウィンドウを変更し、シートを6人掛けに替えている。だが、最大の問題は外観ではない。自然吸気式ディーゼルを積んでいるが、ヨーロッパ市場のどのクルマよりも遅く、いかにも商用車的なトランスミッションをどんなにがんばらせても、0～96km/hまで26．2秒もかかった。

2001年に生産中止となるが、その後もＬＤＶカブとして生きながらえている。カブは古くさいアーバンのスタイルをベースにしたパネルバンで、エンジンもセレナと同じく、ぱっとしないディーゼルを搭載。

最近、セレナが驚くほど強い生命力の持ち主であることが明らかになった。少々乱暴に乗っても完全に息絶えることはないという安心感はある。言ってみれば、車輪の付いたゴキブリだ。

スペック

最高時速：135 km/h
加速時間(0～96 km/h)：26.2 秒
エンジン：４気筒ディーゼル
排 気 量：2283 cc
総 重 量：1485 kg
燃　　費：10.4 km/L

ヨーロッパの市販車では最も加速が遅かった

←居住空間が広いのは数少ない長所のひとつだが、それはフォード・ギャラクシーやルノー・エスパスといったもっと優れたミニバンでも同じこと。

セレナ「車輪の付いたゴキブリ」

ひどいクルマだが、日産にとっては金づるだった。理由は、ミニバン・ブームに沸く第三世界で人気を博したから。第三世界では、欧米市場と違い、クルマとしての性能や洗練は二の次だった。

タクシー万歳

現在、大半はタクシーとして流通している。真冬に街角でタクシーを待っている時、空車の明かりをつけて来るクルマがあれば、見かけや性能を気にする人はいない。

いちばん人気は2.0Lのディーゼル車で、S気のあるタクシー運転手ならニヤリとすること請け合い。遅すぎて、後ろに詰まったドライバーらをいらつかせるのにじゅうぶんすぎるからだ。もっとパワーが欲しいなら、2.2Lをどうぞ。走り出してから100km/hに達するまで、なんとわずか26.5秒。

あまりに鈍く、自らのシャーシの限界に挑むどころではない欠点がプラスに働いた。ステアリング性能が最低だからだ。リアアクスルビームとこの大きさのボディを支えるには小さすぎる車輪のせいで、コーナーを攻めるは危険。

6人乗りで、荷物スペースもたっぷりあり、少なくとも実用的ではある。ただし元がバンだけに、フロアは高い。したがって後ろの2列に座る際には、脚を膝が肩に届くくらいまで深く折り曲げる覚悟がいる。

ポンティアック・アズテック

PONTIAC AZTEK

ポンティアック・ディビジョンが何を思ってこんなおぞましいクルマを発表したのかは知らないが、こいつが近年の米大手メーカーが作りだした最低の1台なのは間違いない。見てわかるとおり、調和のかけらもないこのスタイルは、醜いのひとことに尽きる。幼児向けの塗り絵じゃあるまいし、成長著しいミニバン市場で勝負しようとしたクルマとはとても思えない。第一印象は、レゴのクルマ。

さらに、乗っても印象はさほど変わらない。内装はチープなプラスチックが主で、ドライビング・ポジションも最悪。当然、ポンティアックが期待した売上には到底およばず、米モータージャーナリストの間でもいまだ笑いものだ。

ポンティアックはわずか5年で生産を打ち切り、より中道なミニバン路線に回帰。アズテックは（個性的と見る向きもあるかもしれないが）恥ずべき汚点として社史に刻まれることになった。

アズテックがどうして生まれるに至ったのかは謎のままだが、確かなことがひとつ。攻めの姿勢がまるで感じられない当たり障りのないクルマばかりだった米市場にあって、普通とひと味違っていたのは認める。

スペック

最高時速：180 km/h
加速時間（0～96 km/h）：12.4 秒
エンジン：V型6気筒
排 気 量：3350 cc
総 重 量：1835 kg
燃　　費：7.8 km/L

アメリカの大手自動車メーカーの製品としては最低の部類に入る

←どの角度から見ても、醜いことに変わりはない。ただ、後ろから眺めると、唯一の救いが見える。積み下ろしが楽な荷物スペースだ。

アズテック「レゴランドのクルマ」

奇妙では言い足りない。はるか遠くの異銀河から地球にやって来た、という感じか。

外は異様、中は退屈

中も普通と違うデザインにしていれば、変わったクルマ好きの目を引けたかもしれないのに、内装はびっくりするくらい退屈。

こんな見かけでも走りが良ければまだ救われたのだが。ハンドリングはかなりわがままで、サスは跳ねすぎ。内装も狭いスペースにいろいろなものを押し込みすぎで、乗っていて不快。

ひと目見れば、ダメ車の理由が一発でわかる。曲線、平面、意味不明の斜面を適当にくっつけ合ったとしか思えないし、どれひとつとして機能していない。

趣味の良し悪しはともかく外観が目立つのは認めるが、キャビンはごく普通。ダッシュボードは他のポンティアック車のものと特に変わらないし、ドライビング・ポジションも非常に悪い。

ルノー・アバンタイム
RENAULT AVANTIME

どこかに魅力は感じられるものの、近年の自動車史で最大のダメ車の１台であることに変わりはない。コンセプトの段階から失敗は目に見えていた。エスパスのスタイルでクーペを、との発想から始まったこのプロジェクト。構想４年の末に登場したのは、まるで意味のわからない代物だった。

外見はばかでかいが、中は４人がやっと座れる程度。無理やりクーペにしたため、狭い駐車場では全開にできないほどドアがばかでかい。町を走るとよく振り返って見られたが、その目は必ずしも好意的とは言えなかった。生産を請け負っていたマトラ社が2003年に潰れると、同車の生産も打ち切られた。生産期間わずか１年足らずの生命だった。デザイン的には勇気ある試みとも言えるが、売上的に惨敗では意味がない。

エンジンは2.0Ｌターボ、3.0Ｌ／Ｖ６、3.0Ｌディーゼルの３種類。

後に珍種として有名になること間違いないクルマをお望みの方にはお勧めだ。このクルマ、大コケしただけに生産台数はわずか数千で、すでにコレクターの間で人気がある。お求めはお早めに。

コンセプトの段階から失敗は目に見えていた

スペック

最高時速：222 km/h
加速時間（0～96 km/h）：8.6 秒
エンジン：Ｖ型６気筒
排気量：2946 cc
総重量：1741 kg
燃費：8.9 km/L

←見かけは大きくても、中はさほどでもない。４人しか乗れず、しかも後ろの２人は短足が条件。

2001~03年 フランス

アバンタイム「未来から来たタイムマシン？」

巨大なガラスルーフのおかげで、車内は明るく、広く見える。実際はそうでもないくせに。

窮屈

最大の問題は大きさ。外から見ると大家族もゆったり乗れそうだが、実は大人２名と飼い犬１匹で満員。

外面はやけに大きいのに、右の図でもわかるとおり、後席のレッグスペースが狭すぎ。

やけに車高があって不格好だが、ボディにファイバーグラスを使ったことで、驚くほどシャープなハンドリングと低い重心を実現。

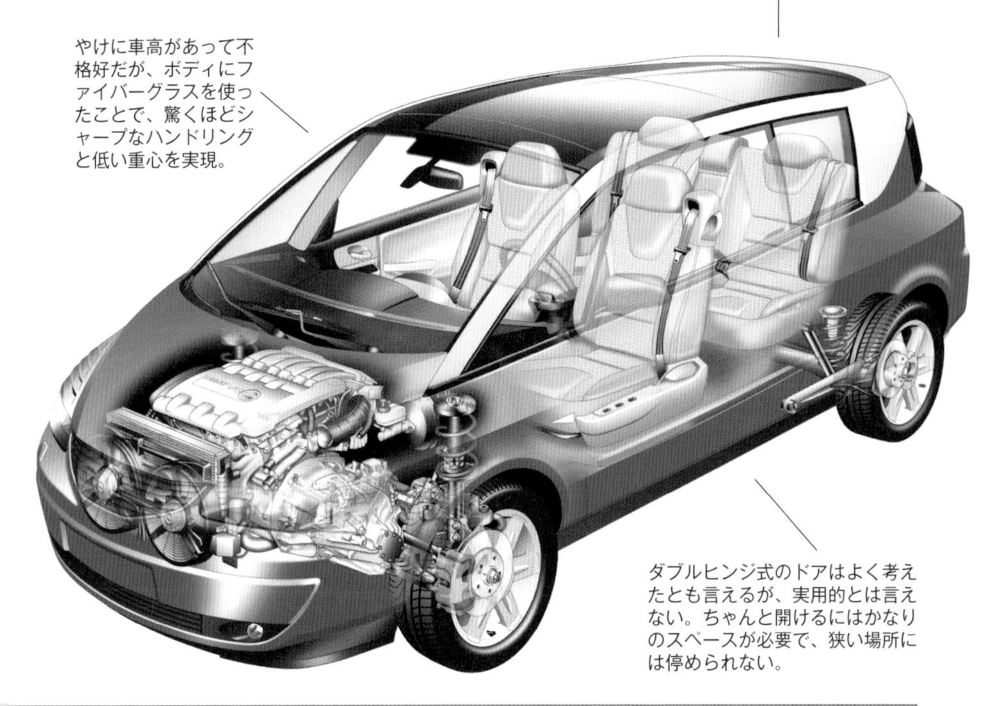

ダブルヒンジ式のドアはよく考えたとも言えるが、実用的とは言えない。ちゃんと開けるにはかなりのスペースが必要で、狭い場所には停められない。

ボクゾール（オペル）・ベクトラ
VAUXHALL VECTRA

当時、ボグゾール・キャバリエに代わる新車に自信を持っていると謳っていたGMヨーロッパ。当然、ファンは世界をあっと驚かせる新たなファミリーカーの登場を心待ちにしていた。だが出てきたのは、空力を考慮したドアミラー以外は何ひとつ新しいところのない、小心者を絵に描いたようなクルマ。見かけは前モデルとほぼ同じで、横から見たら判別できないほどそっくりだった。

まだある。ライバル車で、2年も前から市場に出回っていたフォード・モンデオのほうがはるかにいいクルマだったのだから、始末に負えない。改良を重ねるごとにましになってはいったが、最初期モデルはどうしようもない。エンジンは粗悪、ハンドリングは鈍く、サスが必要以上に固いうえ、優雅さのかけらもなかった。

車内については劇的に悪い点はないが、パワーウィンドウのスイッチがサイドブレーキの下にあるのは不便極まりない。シートも固すぎとの意見が多かった。

何一つ新しいところのない、小心者を絵に描いたよう

スペック

最高時速：208 km/h
加速時間（0〜96 km/h）：8.7 秒
エンジン：直列4気筒
排気量：1998 cc
総重量：1369 kg
燃　　費：10.0 km/L

←キャビンは快適なほうだが、人間工学を考慮したのだろうか、と首を傾げたくなる点も。パワーウィンドウのスイッチがなんとサイドブレーキの下に。

1995~2002年 イギリス

ベクトラ「最大の売りはドアミラー」

今になってみれば、初期型もどうしようもなく悪いクルマ、というわけではなかった。時間がたつにつれて、ライバル車たちよりも丈夫で壊れにくく、作りもしっかりしていることがわかったのだが。第一印象が悪すぎたのが致命傷になった。

ライバルより上だった

実のところ、作りはライバル車の大半よりはるかに良く、フォード・モンデオやルノー・ラグナよりも長持ちすることが後に判明。だが、それだけでは名車からほど遠い。

社用や公用を念頭に置いたクルマ作りにおいて、内装はとりわけ重要な点。なのになぜ、パワーウィンドウのスイッチを運転者から見えない位置につけたのだろう。理解に苦しむ。

ボグゾール（オペル）はドアミラーを自画自賛したが、たとえ空力に世界一優れていても、視界が狭くては本末転倒。

ハンドリングは悪くないが、格別良くもない。後で改善されるが、初期モデルは乗り心地もひどかった。

ボルボ262C

VOLVO 262C

世界有数のデザインスタジオにも、汚点のひとつやふたつはある。イタリアの名門ベルトーネの場合がこれ。1977年から81年にわたり特注で生産された2ドアクーペで、目指したのは打倒BMW6シリーズ・クーペ。ライバル車と同じくシャーシと基本構造はエグゼクティブ・サルーンのものを使ったが、ボディは独特でルーフラインもかなり低くした。ただ、美しいスタイルを誇ったBMWに対し、こちらは醜悪そのもの。ボンネット、ウィング、グリルは264サルーンと共有で、他の大部分がベルトーネのオリジナル。結果、胴長でルーフがやけに低くドアがばかでかい代物が誕生。ビニルトップは264のルーフを無理やりチョップ・トップにしたことをごまかすためか。

ボルボ車にしては珍しくサビがひどかったが、それはボルボの自社工場ではなく、ベルトーネで組み立てられたため。アンダーシールが不充分で、シル、スカットルパネル、ドアが真っ先に餌食になった。スタイルが最悪というだけでも赤面ものなのに、当時のフィアット、アルファロメオ、ランチアと肩を並べるほどサビに弱い事実は赤っ恥もいいところ。ボルボ社の歴史に大きな汚点を残した1台。

シル、スカットルパネル、ドアが真っ先にサビついた

スペック

最高時速：185 km/h
加速時間(0~96 km/h)：12.5 秒
エンジン：V型6気筒
排 気 量：2664 cc
総 重 量：1786 kg
燃　　費：7.4 km/L

↑　1) 目をつぶる。2) 70年代のオフィスビルの重役室を想像。3) 目を開けて、この写真を見る。同じ、でしょ？

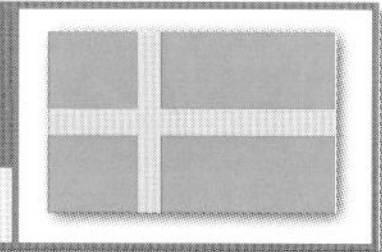

1977~81年 スウェーデン

ボルボ 262C「ベルトーネの汚点」

黒いビニル・ルーフはオープン風の見かけにするためで、ほぼ全長にわたる折りたたみ式サンルーフの特注も可能だった。

見た目からして不思議

なんとも微妙な外観は、他のクルマのパーツを文字どおり寄せ集めたため。さらに悪いことに、ベルトーネがアンダーシールに手を抜いたせいでサビに弱かった。

キャビンは確かに独特だが、シートはなぜか伝統的なチェスターフィールド・ソファの趣と安っぽいイケア風味を融合。チャーミングとは言えない。

チョップ・トップのせいで、ただでさえやけに切り立った印象のノーズとテールが際立つことに。

240／260シリーズはもともと走り重視でなかったのに、どうしてわざわざそれをベースにスポーティー・クーペを作ったのだろう。ハンドリングは最悪だった。

ボルボ340
VOLVO 340

問題：ボルボがボルボでなかった時はいつ？　答え：オランダでトラック・メーカーが作っていた時代。340シリーズはもともとDAF66に代わるクルマと考えられていたが、1975年、ボルボがＤＡＦ社を買収後、自社ブランドで発売したもの。エンジンはルノーの５、９、11に使われていたものと同じで、丈夫だが洗練さはなかった。

トランスミッションはリアアクスルの前方に位置。必然的にリンケージが異常に長くなり、そのせいでギアシフトに問題が生じやすかった。ハンドリングもぱっとせず、リアアクスルに装備された横置き型のリーフ・スプリングは左右独立型サスペンションのライバルたちに激しく遅れを取っていた。だがそんなダメ車にもかかわらず、市場ではかなりの成功を収めた。特に英市場では1992年、生産打ち切りになる直前まで常に10位内の人気を保ち、販売台数が100万台を越えたというから驚きだ。

後にもっとパワーのある2.0Ｌモデルの360も登場。速いことは速かったが、ベースはあくまで340の標準モデルで、サスペンションもそのままだったため、とりわけ濡れた路面でのハンドリング性能は恐ろしい代物だった。

横置き型のリーフ・スプリングはライバルたちに遅れを取っていた

スペック

最高時速：152 km/h
加速時間(0〜96 km/h)：15.0秒
エンジン：直列４気筒
排気量：1397 cc
総重量：983 kg
燃費：12.4 km/L

↑安全性には定評のあるボルボ。衝突実験後の図を見てもらえればわかるとおり、340もその点は同じだ。

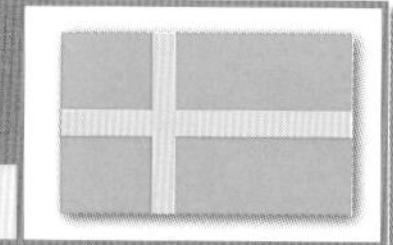

ボルボ340「丈夫だが、野暮ったい」

これは最上級のＧＬＴモデル。フォグランプ、アロイホイール、スポイラー、ボディと同色のバンパー、ヘッドライトのワイパー……微妙、ですけど。

スリル好き向き

340／360のハッチバックに輪をかけてつまらないクルマをお探しの向きには、４ドア・サルーンもある。ガソリンタンクが大きいというドキドキのおまけ付き。

ＶＷゴルフといった名車とほぼ同時期に登場したのに、ハッチバックの伝統的なスタイルをなぜか踏襲せず、結果、じつに妙な格好に。

エンジンは時代遅れのオーバーヘッド・バルブ式のルノー製。性能は良くなかったが、丈夫さは取り柄だった。

サスペンションにモダンな技術は皆無。リアの横置き型リーフ・スプリングとフロントのストラットは古くさい代物で、しかも後輪駆動だったから、尻を振りまくった。

↑写真はAC3000ME。完成した時にはすでに時代遅れで、メーカーを倒産寸前にまで追いやった。

FINANCIAL

少しは採算も考えろ

何がダメって、メーカーを潰す直接の原因になったモデルほどクルマとしてダメなものはない。本章に挙げた多くがまさにその類だ。莫大な開発費を費やしたのに、ショールームで圧倒的に不人気で、悲惨なほど売上が伸びないとなれば、メーカーが膨大な投資を取り戻せるはずもない。ブリックリン、デロリアン、エドセル、タッカーらが日の目を見ることは今後おそらく二度とないだろう。そして熾烈な競争が繰り広げられるこの業界で成功を夢見たがために廃業に追い込まれるメーカーは、今後も現れるに違いない。

なかには市場でがんばったクルマもある。たとえばオースチン1100は11年の生産期間で100万台以上も売れた。しかしメーカーのＢＬ社は１台作るたびに金を失った。100万台ともなれば、当然、損失も巨額に上る。ＢＬだけではない。ランチアやクライスラーも同じ憂き目に遭っている。

赤字どころか、メーカーに巨大な損害を被らせたクルマもある。評判があまりに悪く、メーカーの信用を著しく落としたケースだ。

FAILURES

AC 3000ME

AC300 ME

伝説のコブラの血を引くこのクルマ、名車の誉れを授かってもおかしくはなかった。なんといっても、あのコブラの精神を継ぐとＡＣ社は請け合ったのだから。つまり、活きのいい後輪駆動にパワフルなフォードのエンジンを搭載した２シーター・スポーツカーを手頃な価格で提供する、と。お披露目は１９７３年のロンドン・モーターショーで、当初の名前はディアブロ。批評家筋の受けは抜群で、英国初の手の届くスーパーカーと褒めそやされた。だがその時が頂点だった。

３０００ＭＥとして市場に出るまでにそれから6年の歳月を要したのだが、その頃には予定販売価格の4000ポンドの３倍以上に跳ね上がっていた。組み立ては困難を極め、ハンドリングは最悪で、パフォーマンスもたいしたことはなく、トランスミッションにも難があった。開発に莫大な金を投じたＡＣ社は倒産寸前に追い込まれ、結局、わずか82台を生産しただけで、社は管財人の管理下に置かれた。

当然、現存する台数は少ないのだが、コレクターにそっぽを向かれている。ならば、そのレア度からクラシックカー市場で人気に火がつく前に、早めに押さえておいたほうがいいだろうか？

答えはノー。理由は、トラブルの宝庫で、おまけに運転していて面白くもなんともないという、クズ同然のクルマだから。

開発に莫大な金を投じたAC社は倒産寸前に追い込まれた

スペック

最高時速：193 km/h
加速時間（0〜96 km/h）：8.5 秒
エンジン：V型6気筒
排気量：2994 cc
総重量：1117 kg
燃費：6.4 km/L

←宣伝文句を自信満々に並べたが、消費者の心には響かず。

AC3000ME
「英国初の手の届くスーパーカー？」

トランクは前と後ろにひとつずつ。荷物を分散して、重量のバランスをなんとか取ろうとした苦肉の策。

常識外れの価格

モーターショーでは好評を博したが、最終的にはＡＣ社を潰すことに。実用化までに長くかかりすぎ、値段も当初の4000ポンドから12000ポンド強というありえない数字に跳ね上がった。

フォードのＶ型６気筒エンジンを車体中央に搭載。にもかかわらずバランスが悪く、ハンドリングはさえなかった。

エンジンはフォード製で、ギアリンケージはＡＣオリジナル。これが最大の問題で、トランスミッションに不具合が頻発した。

ファイバーグラスのボディを鋼板のシャーシに載せたのだが、両者の相性が悪く、そのせいで組み立てに多大な手間と金を要した。

オースチン1100／1300

AUSTIN 1100/1300

デビュー時は、さすが英国車との評判だった。実用的な車内に広いトランクを兼ね備えた前輪駆動車で、乗り心地・ハンドリングともに素晴らしいと絶賛され、市場でも大ヒットを記録した。だがデザインには見るべきものがあったものの、間もなく化けの皮がはがれることに。作りが極端に粗悪で、防サビ対策はないに等しい状態だったため、多くがサビの大被害に遭い、早々と墓場送りになった。おまけに機械類の問題もかなりのものだった。

にもかかわらず、販売台数はなんと約110万台を数えた。クルマとしての出来がどうであれ、売れたのだからそれでいいし、メーカーはほくほく顔だったのだろう、と思うかもしれないが、そうはいかなかったのがこのシリーズの困ったところ。ライバルのフォードに負けじと価格を無理やり低くしたため、ＢＬは１台売れるごとに約10ポンドの損をすることに。その110万倍ともなれば、損失額が膨大なのは言うまでもない。

英コメディ番組『フォルティ・タワーズ』に印象的な場面がある。主演のバジル・フォルティが愛車1100エステートモデルのエンジンがかからないことに腹を立て、棒きれでめった打ちに。その姿に共感したオーナーは少なくなかっただろう。

作りが極端に粗悪で、防サビ対策はないに等しかった

←米国が月面着陸を成し遂げるなか、英国はサビだらけで信用度ゼロのサルーン車を量産。しかもそれを赤字必至の低価格で販売していたのだから、「打倒アメリカ」が聞いてあきれる。

最高時速：126 km/h
加速時間(0〜96 km/h)：22.2 秒
エンジン：直列４気筒
排気量：1098 cc
総重量：801 kg
燃費：12.4 km/L

オースチン 1100／1300「バジル・フォルティの宿敵」

後期モデルはグリル、ホイール、トリムを変更。だが悲しいかな、サビ対策の面は変わらなかった。

究極の屈辱

結局、オースチン・アレグロに取って代わることになった1100／1300シリーズ。世界制覇を期待されたクルマにしてみれば、屈辱以外の何ものでもない。

最大の敵はサビ。とりわけシル、トランクフロア、フロントウィング、ホイールアーチがみるみるうちにサビついた。

サスペンションはBMC専売特許のハイドロラスティック。従来のスプリングに代わり、特殊な水溶液がショックアブソーバーの働きをした。

デザイナーはミニを手がけたアレック・イシゴニス。ミニと同じく、車内を最大限に広くしてあり、トランスミッションはオイルパンの中にあった。

オースチン・ジプシー

AUSTIN GIPSY

ランドローバーが爆発的に売れるなか、自分たちも軍用車の大市場に一枚噛もうと考えたＢＭＣが大急ぎで開発したクルマ。見かけはランドローバーとうりふたつだが、サスペンションは複雑かつ高価なラバーベースを搭載。当初は良かったものの、信頼性とサビ対策に問題があることが発覚。軍の要求を満たすタフさに欠けるとされ、ＢＭＣは高い開発費の元も取れなかった。1968年、ＢＭＣがローバーおよびレイランド・グループと合併してＢＬＭＣ（ブリティッシュ・レイランド・モーター・コーポレーション）になると同時に同車は無用の長物とされ、高くついた失敗例として記憶されることに。

にもかかわらず、なぜかフォークランド諸島やキプロスでは90年代まで軍用として働き続けた。耐久性に難ありとの評判は事実無根だったのか？　あるいはどちらの土地も泥ではなく岩に覆われた、気候も穏やかだったため、ダメ車でもなんとかもったということか？

スペック

最高時速：110 km/h
加速時間（0～96 km/h）：不明
エンジン：直列4気筒
排 気 量：2188 cc
総 重 量：1512 kg
燃　　費：7.1 km/L

無用の長物で、高くついた失敗例として記憶される

↑修理しやすい軍用車として売り出したのに、どうしてわざわざ宣材写真を作ったのだろう。しかもモデルがハイヒール姿のご婦人って？

ジプシー「軍の落伍者」

太いタイヤ、幌、中に引っ込んだ丸目2灯のヘッドライト……ランドローバーと見間違われても仕方がない。

不名誉除隊

失敗の原因は軍での使用に耐えられなかったことに尽きる。サビに弱く、ラバー・サスペンションもすぐにいかれたため、多くが早々と破棄されることに。

ライバル車ランドローバーのパネルはアルミ製だったが、こちらは鋼製。おかげで特に湿気の多い地域ではサビがひどかった。

エンジンのパワーはまずまずだったが、走力より出力重視。牽引力はかなりのものだが、スピード面はお粗末。

サスペンションはラバー製で、新車時は柔軟性に富み、快適な乗り心地を実現。だが劣化が著しく、それに伴って乗り心地、ハンドリングとも劣悪に。

ボンド・バグ
BOND BUG

自社の評判を危険にさらすことなく冒険的なデザインを試そうと、60年代後半、経営難だったボンドを吸収合併した英大手ファイバーグラス車メーカーのリライアント。その最初の果実がこれだった。はっきり言って、正気の沙汰とは思えない。色はこのオレンジ(「デイグロ」)のみで、どう見ても車輪が３つついた派手なドアストッパーだ。

多少は売れたが、奇妙すぎると見る向きのほうが圧倒的に多かった。結果、４年で生産を打ち切られ、販売はわずかに2000台強。おかげでボンド社の名はこの「バグ」とともに冗談の種にされ、評判は回復不能なほど地に落ちた。ところがこのクルマ、産みの親を潰しておきながら、いまだに半数近くが生き残っているというから驚きだ。

驚異の生存率を誇るだけでなく、実は運転もなかなか楽しい。きびきびとした走りで、速度を出しすぎてカーブに突っ込みさえしなければ、グリップ力も悪くない。

いかにも70年代らしい奇抜なデザインが好きな向きにはたまらない魅力があるらしく、値段はそこそこついている。根本的に最悪な1台にしては、びっくりするくらいファンの多いクルマだ。

スペック

最高時速：126 km/h
加速時間(0～96 km/h)：不明
エンジン：直列４気筒
排 気 量：748 cc
総 重 量：622 kg
燃　　費：14.2km/L

ボンド社の名は
この“バグ”とともに冗談の種になった

←選べる色は基本的にオレンジのみ。この色には、かのヘンリー・フォードも草葉の陰でたまげたに違いない。狭いが、モデルの男が脇に大事そうに抱える書類を置くスペースはじゅうぶんにある。

バグ「3輪付きのドアストッパー」

この眩いオレンジ以外に、なんと薄緑色もあった。ありがたいことに限定モデルだったが。

キッチュなクルマ

ボンド社を死に追いやったクルマだが、自らはその奇怪さゆえに生き残っている。いまやキッチュなカルト車の代表で、作られた半数近くがいまだ現役だ。

アルミニウム・ダイキャストのエンジンはリライアント製で、驚くほど俊敏な走りを実現。

ドアとルーフが一体で、乗り降りの際はこれを後ろから持ち上げる。

外はケバイし、中もいかにも70年代風。内装は黒プラスチックが主で、スポーツ・ステアリングホイールは革巻き。

ブリックリンSV-1

BRICKLIN SV-1

カナダの企業家マルコム・ブリックリンの考案による「安全なスポーツカー」。成功に絶対の自信を持っていたブリックリンは2300万カナダドルを投じて専用工場を建て、地元政府の支援も取りつけた。そうして完成したのがファイバーグラス・ボディのこのクルマで、デビューは1974年。当時流行のウェッジシェイプにガルウィング・ドアと、見かけはスタイリッシュだったのだが、中身がひどかった。信頼性が低く、AMCのエンジンはひどい代物で、クルマとしての作りも粗悪。電動開閉式のドアが壊れ、オーナーが中に閉じ込められることも。結果、初年の生産台数は3000台（ブリックリンの予想の1/10）にも満たず、プロジェクトはあえなく崩壊。ブリックリンは大損をしたうえに、役所からも激しく責められることに。間違いなく、自動車業界の歴史に残る大失敗作だ。

語るべき点の多いクルマだが、なかでもバネを搭載したノーズは随一。時速16km未満で衝突した場合、バンパーがボディ内に沈んでまた元に戻る構造になっていた。理論上はバネが衝撃を吸収し、クルマにダメージがおよばないはずだったが、実際にはファイバーグラス製のボディにストレスがかかることでひび割れが生じた。

↑SV-1の産みの親マルコム・ブリックリン。
夢は叶わなかった。

スペック

最高時速：196km/h
加速時間（0～96km/h）：8.5秒
エンジン：V型8気筒
排気量：5899cc
総重量：1600kg
燃費：6.7km/L

電動開閉式のドアが壊れ、
オーナーが中に閉じ込められたことも

ブリックリン SV-1
「安全じゃない自称“安全な車”」

触れ込みでは、時速16kmまでなら正面からの衝突に対応可能。バネ内蔵のノーズが衝撃を吸収してまた元に戻る仕組みになっており、修理費を節約できるはず、だった。

珍品

自動車協定に入っていなかったため、米国でしか売れなかった。しかも買ったのは、物珍しさに惹かれた人のみ。

バッテリーが死ぬと、ガルウィング・ドアは開かず。そうなるとリアハッチからはい出るしかなかった。

SVとは「安全な車(Safety Vehicle)」の略。不格好なノーズ部分はそのためだが、事故車を修理したとしか見えない。

ボディはファイバーグラス製だが、作りは粗悪。天候の著しい変化にさらされると、ひび割れや歪みが生じた。

ブガッティ・ロワイヤル

BUGATTI ROYALE

　サーキットで華々しい戦績を残し、ヨーロッパ貴族の間で高く評価されたブガッティ。当時は世界一の自動車メーカーの１人だった。そんな彼にとってロワイヤルはまさに夢のクルマで、目指したのはロールス・ロイスをも凌ぐ究極の高級車。だが出てきたのは、世紀の失敗作だった。図体があまりに大きくて扱いづらく、専用に開発された８気筒エンジンはなんと13,000ccというばかでかさで、しかも価格は500,000仏フランという非現実的な数字。超のつく富裕層もさすがに、実用性がなくステータスシンボルとしての価値しかないこの代物に宮殿が買えるほどの大金は出さなかった。

　そのため鳴り物入りで登場したにもかかわらず、生産されたのはわずかに６台で、売れたのはその半分だけだった。1989年にオークションで1,400万ドルの値がついたときは、世界一高いクルマとして少しばかり世間を賑わせたが。

　とにかく運転しにくいうえ、スペア部品はまず手に入らないし、どこから見てもぞっとするほど醜悪なこのクルマに、それだけの金を払う価値があるとは思えない。まあ、人が絶対に持っていないクルマが欲しくて、金が有り余っているのなら、どうぞ。

図体があまりに大きくて扱いづらい

スペック

最高時速：200 km/h
加速時間（0～96 km/h）：不明
エンジン：直列８気筒
排 気 量：12763 cc
総 重 量：3250 kg
燃　　費：2.8 km/L

←ロールス・ロイスといえば銀の「フライング・レディ」だし、ジャガーといえば「リーピング・キャット」。で、ブガッティのマスコットが「ダンシング・エレファント」。このクロムメッキの象を磨きながら、オーナーは自尊心を満たしていたに違いない。

ロワイヤル「ブガッティの踊る象」

エンジンは一般車としては世界最大のひとつ。直列8気筒で排気量はなんと13,000cc近い。

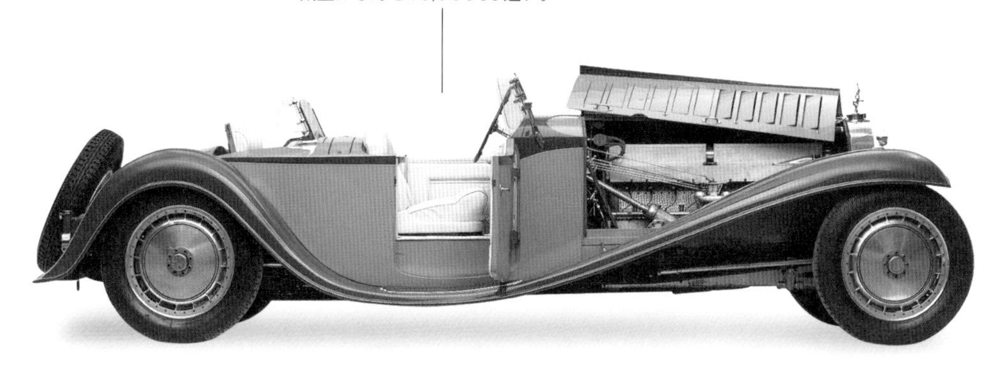

無駄な贅沢

「王家」の車名どおり、無駄に贅沢なクルマ。ディスクホイールは純銀メッキで、シートの革はオーストリッチ。それで見かけが良くなったわけでも、クルマの価値が上がったわけでもなかったが。

20インチの巨大なホイールカバーは純銀のメッキが施されていた。ディスクひとつの製造費だけでなんと10,000仏フラン以上。

確かに豪華ではある。シートはオーストリッチ革張りで、ダッシュボードの縁取りは純金メッキ。

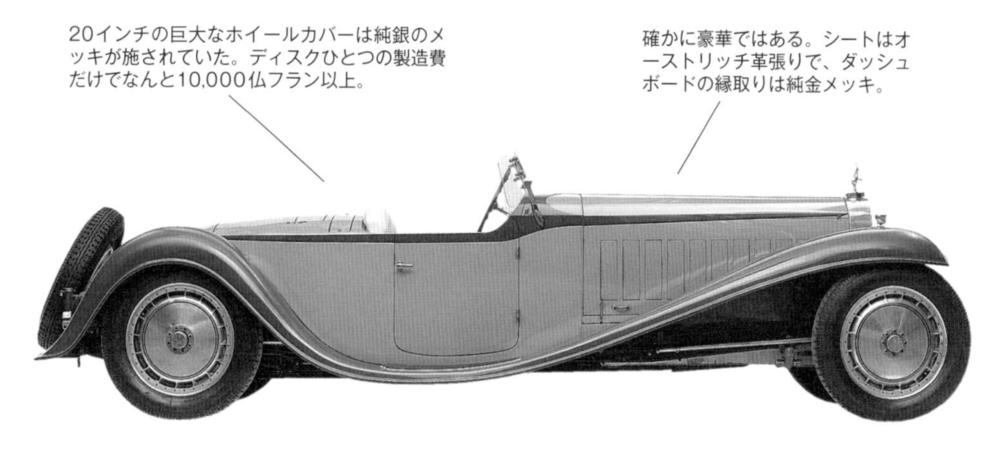

クライスラー180／

CHRYSLER 180/2-LITRE

米国の巨大企業クライスラーによる英ルーツ・グループと仏シムカの買収から生まれたクルマ。欧州のラグジュアリーカーと張り合わせるつもりだったが、結果は惨敗。運転は楽しくないし、見かけは平凡、おまけにサビに弱かった。しかも個性のない見かけにふさわしく、タルボット、シムカ、クライスラーと、次々に名前を変えられた。当然と言うべきか、ショールームでの人気もさっぱりで、再販売価値も極端に低く、中古車ディーラーも下取りを嫌がるほどだった。

売れば売るほど損をしたにもかかわらず、代わるクルマがクライスラーになかったことから10年にわたって作られたが、ぱっとした特徴のなさは最後まで変わらなかった。

２Ｌモデルも登場したが、180と比べて目立ってパワフルなわけでもなく、マニュアルがオートマになっただけで、特に違いはなかった。

食いつきたくなる特徴を完璧に欠く退屈なクルマ

スペック

最高時速：161 km/h
加速時間（0～96 km/h）：13.6秒
エンジン：直列４気筒
排気量：1812 cc
総重量：1050 kg
燃費：9.9 km/L

←この撮影用にわざわざエキストラを雇ったのに、揃いも揃ってもっと面白いものを見つけたらしく、主役の180に背中を向けている。この地味さでは、仕方がないだろう。

2リッター

1970~82年 フランス

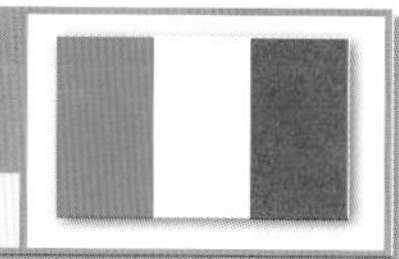

180／2リッター 「アイデンティティのないクルマ」

ビニル製ルーフ、クロムメッキのハブキャップ、フォグランプ、クロムメッキのトリムが「待望の」2リッター・モデルの特徴。お美しいことで。

タルボットとタゴーラ

クライスラーの欧州部門がプジョーに吸収されたことで、180はタルボットに改名。後にタゴーラに変わったが、こちらも信じられないほど退屈なクルマだった。

ぺかぺかの黒プラスチックと安っぽいナイロン張りの内装は、消費者が一般的に期待する「ラグジュアリー」感からほど遠かった。

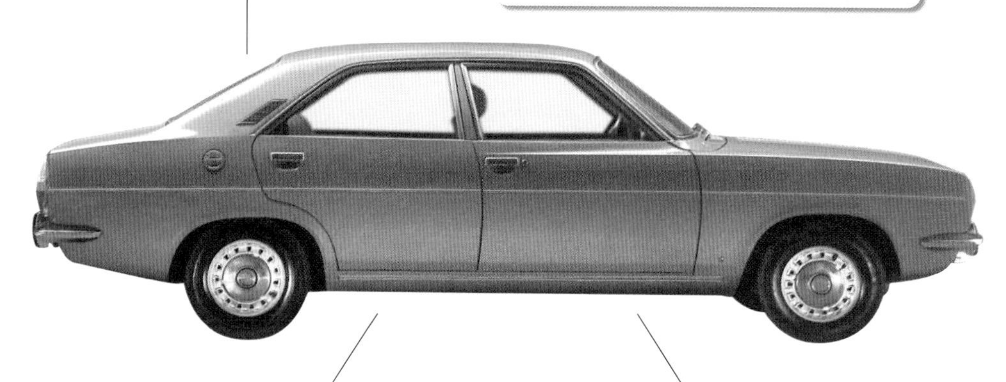

当時のクライスラー社には目新しさが本気で求められていたというのに、出したのは痩せこけたヒルマン・アベンジャーみたいなモデルだった。

180のエンジンは丈夫と証明済みの1.8L。後に2.0Lも登場したが、こちらはパワーに著しく劣るオートマ・モデルのみ。

クライスラー・ガスタービン

CHRYSLER GAS TURBINE CAR

ジェットエンジンの登場で航空業界が根底から変わる様を目にしたクライスラーが、これは自家用車にも使えるのではないかと考え、1963年に50台の試作品を作って米市民に試し乗りをさせたクルマ。見かけはいかにも未来的。丸みを帯びたリアはタービンエンジンの特徴的な形を象ったもので、中の計器類も飛行機の操縦席を思わせるダイヤル式だった。

ただし、技術力の高さには見るべきものがあったものの、クルマとしては完全な失敗作。44,000回転以上まで回るエンジンは驚愕ものだが、その段違いのパワーに対応できるほどのハンドリング性はなく、もちろん燃費も最悪。１年間のテスト走行後、９台を残してすべてがスクラップになった。

要するに、飛行機をまねたものの離陸はできなかった、というわけだ。でもそれで本当によかった。そうじゃなければ、この地球上から石油が一滴残らず消えていたかもしれないのだから。ちなみに、わずかに生き残ったクルマはコレクターかアメリカの博物館の手に渡った。

スペック

最高時速：185 km/h
加速時間（0~96 km/h）：10.0 秒
エンジン：ガスタービン
排 気 量：不明
総 重 量：1755 kg
燃　　費：不明

1年間のテスト走行の後、
9台を残して
すべては回収されてスクラップに

↑実用化寸前までは行った。クライスラーはアメリカ市民に50台を貸し与え、テスト走行させた。

1963年 アメリカ

ガスタービン「博物館向け」

ジェットタービンエンジンの排気管は、リアタイヤの直後に下向きにセットされ、路面のアスファルトを溶かすほどだった。

ぶっ飛んでる

走らせたくても、走らせられないクルマ。ジェット燃料はガソリンスタンドでは買えないし、かといって空港で満タンにするわけにもいかないし。

デザインのテーマが航空機なのは内装も同じで、計器類はボーイング 707 を模したもの。フロントガラスも丸みを帯びさせてある。

リアの曲線はジェット機のエンジンにそっくり。それこそクライスラーが目指したものだったが、当時にしては行きすぎで、リベラルなアメリカ人にも受けなかった。

クライスラーのモルモットにされた市民は、44,000 回転を優に越えて回るエンジンに腰を抜かしたことだろう。

DAF33／ダッフォディル

DAF33／DAFFODIL

　オランダの自動車メーカーと聞いてもピンと来ないかもしれないが、ヒット車はあった。それがこの33／ダッフォディルで、生産された8年の間に30万台以上も売れた。コンパクトだが車内スペースは広く、値段も手頃。だがトランスミッションがかなり変わった仕組みで（ベルト駆動のコーンがアクスルについており、遠心式クラッチを配備）製造コストがやたらとかさんだ。そのため同社は借金で首が回らなくなり、ついには1975年、スウェーデンの大手ボルボ社に買収された。

　このトランスミッションのおかげでバックでも前進と同じくらい速く走れるのは魅力といえば魅力。もっとも、メーカーを潰すほどのひどいクルマだった事実は変わらないが。

　1968年に登場したクーペは、見かけこそキュートだが、走りの悪さはサルーンと変わらず。多少大きなエンジンを積んだ44と55、さらにボルボのエンジンとトランスミッションを用いたダフ66もあったが、同じくぱっとしなかった。

スペック

最高時速：81 km/h
加速時間（0～96 km/h）：不可能
エンジン：水平対向2気筒
排 気 量：590 cc
総 重 量：571 kg
燃　　費：14.2 km/L

バックでも前進時と同じくらいのスピードが出た

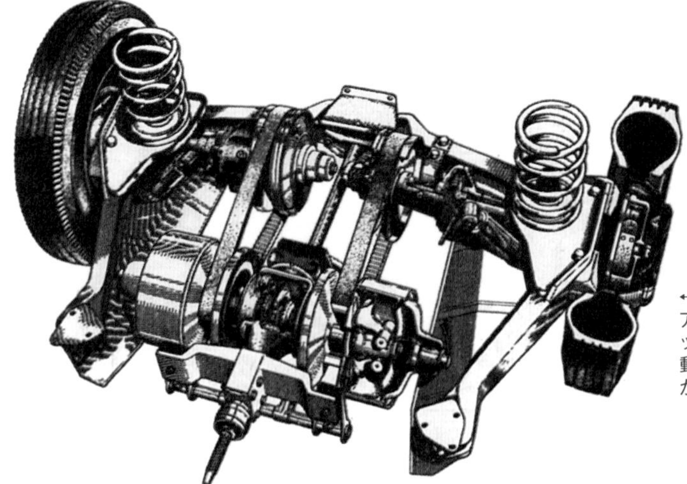

←図はリア・トランスアクスル。遠心式クラッチと独特なベルト駆動トランスミッションがよくわかる。

DAF33／ダッフォディル「最悪の運転心地」

最初期モデルの外観は見るに堪えない。幸い、登場から1年後にはかなりまともな顔になったが。

便利なステーションワゴン

後期にはステーションワゴンに。駆動系の占めるスペースが極端に小さいから、キャリアーとしては使えた。が、「使える」と「いい」クルマは違う。

いわゆるトランスミッションはない。バックでも前進と同じくらいスピードが出た。

ハンドリングは意外にもかなり良かった。サイズはBMC社のミニと同じくらいで、ボディの四隅に離された車輪によって安定性を高めようと考えた点も同じ。

パフォーマンスカーではない。590ccの水平対向2気筒エンジンは80km/hがやっと。

デロリアンDMC 12

DE LOREAN DMC 12

クルマ業界史に燦然と輝く大失敗作として有名な1台。映画『バック・トゥ・ザ・フューチャー』のタイムマシン役で脚光を浴びたが、市場ではまるで奮わなかった。産みの親は元GMのジョン・Z・デロリアンで、製造は北アイルランド。英政府の資金援助を受け、シャーシはロータス、デザインはジウジアーロが提供と万全の体制に思えたのだが、出来は悲惨だった。作りの質がぞっとするほど低く、走りもハンドリングもぱっとしなかった。確かに見かけは格好いいが、無塗装のステンレス製ボディパネルはすぐに汚れる代物で、軽く触っただけで指紋が残り、いくら拭いてもなかなか消えなかった。借金、腐敗、失業など数々の問題を生んだうえ、プロジェクト上層部による資金の使い込みや賄賂といったスキャンダルも発覚。結局、英国民の税金8,000万ポンドがどぶに捨てられることになった。

スペック

最高時速：194 km/h
加速時間(0〜96 km/h)：10.2秒
エンジン：V型6気筒
排 気 量：2849 cc
総 重 量：1392 kg
燃　　費：8.5 km/L

借金、腐敗、失業など数々の問題を抱えて会社は自爆した

↑虚偽と裏工作にまみれたクルマだが、少なくともデロリアン氏の「どこから見てもひと目でそれとわかるクルマ」の言葉にウソはなかった。

DMC12「歴史の彼方に消えた“バック・トゥ・ザ・フューチャー”車」

外見はかなりユニークだが、キャビンは拍子抜けするほど普通。

クルマは見かけじゃわからない

ルノーのＶ６エンジンはパワー不足で、タイムトラベルはおろか、町を走っても乗り心地は最悪。見かけ倒しもいいところだ。

どういうわけか、エンジンはＰＲＶ製のＶ６を搭載。ハンドリングに影響をおよぼすほど重いだけで、取り柄ゼロ。

ガルウィング・ドアはこけおどしで、作りも粗悪。開かなくなり、運転者や同乗者が中に閉じ込められることも。

ステンレスむき出しのボディに深い意味はない。要はファイバーグラスを覆っただけ。

エドセル

EDSEL

フォード社が開発と宣伝になんと3億ドルもの大金をかけたクルマ。ワンランク上のクルマが欲しいファミリー層を狙ったもので、エドセルの名はヘンリー・フォードのひとり息子のクリスチャン・ネームから取った。フォード期待の1台だったが、タイミングとスタイリングがあまりに悪かった。折しも、米ファミリーカー市場は巨大な「陸のヨット」から小さくて実用的なクルマに人気が移りつつあり、ごてごてしたエドセルは時代遅れの象徴だった。さらに「馬の蹄」を思わせるフロントグリルのせいで顔に品が感じられず、それも客に二の足を踏ませた原因だった。

エドセル・ブランドはわずか3年で消えたが、それだけあればフォード社を傾かせるのにじゅうぶんで、売れるとたかを括って注文し過ぎたために潰れた販売店もあった。

いくつかモデルがあり、ステーションワゴンのレンジャー（売れ行きが格別に悪かった）や、カリブ諸島向けにトップをキャンバスにしたエドセル・バミューダなる特別モデルも作られた。

当時は業界史に残るほどの惨敗を喫したが、現在ではエドセル史上最高の人気を博しているのだから、クルマの世界は面白い。理由は絶滅危惧種だからで、程度のいいものはマニア羨望の的になっている。

1959 EDSEL

An exciting new kind of car!

Makes history by making sense

Here's the car you hoped would happen. A full-size car that makes sense. Styled to last. Built to last. Beautifully efficient. And priced with the most popular three!

At last—a full-size car that makes sense. It looks right, works right. And it's priced right. The beautifully efficient Edsel for '59 is a car that slips easily into tight parking spaces—fits any normal garage. Same spacious room inside as before—*but less length outside!* It's a car that's powered to save. Edsel's four new engines include not only a thrifty six but a new economy V-8 that turns *regular* gas into spirited performance! It's a car that's distinctively styled to last. And carefully built to last. *Yet, the Edsel is actually priced with the most popular three!* See your Edsel Dealer.

EDSEL DIVISION · FORD MOTOR COMPANY

タイミングもスタイリングもあまりに悪かった

スペック

最高時速：173 km/h
加速時間（0～96 km/h）：11.8秒
エンジン：V型8気筒
排気量：5915 cc
総重量：1747 kg
燃費：6.4 km/L

←「歴史を作る」の謳い文句が皮肉。

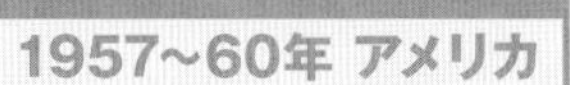

エドセル
「最後の陸のヨット」

巨大なソフトトップは電動式で、リアシートの後ろにすっぽりと収納される。デザイン的に唯一といえる取り柄。

時機を逸する

何よりもタイミングの悪さが命取りになった。あと数年早ければ、人気の波に乗れていたかもしれなかったのだが。

フォードは新しさを前面に押したが、製造は昔ながらの方法で、ハンドリングも恐ろしい代物だった。

なんといっても特徴はこの品のないラジエーター・グリル。馬の蹄を思わせるが、中にはもっと下劣なたとえをした批評家も。

作り、仕上げともに目を覆わんばかりのひどさ。スピードを出すと、リアのフィンパネルが外れて落ちることも。

フォード・エクスプローラー
FORD EXPLORER

クルマ自体は悪くないのに、状況やメーカーの不始末の犠牲になった典型。デザイン的には問題ない。じゅうぶんな車内スペースを備え、装備も過不足ない大型ＳＵＶ車だ。しかし安全性に関する問題の指摘を受けて大規模なリコール・自主回収が行われ、その後、巨額の金が絡む訴訟沙汰にまで発展した。

フォードとファイアストーン社はエクスプローラー用のタイヤを開発、それを標準装備にしたのだが、クルマの発売から１年もたたないうちに欠陥が判明する。デザインミスのせいでパンクが頻発、車重があり重心が高いために横転し、重傷者や死者まで出る惨事に。すったもんだの末、両社は多くの被害者に損害賠償をすることとなった。

それでもエクスプローラー自体はまずまずの売れ行きを見せ続けたが（グッドイヤー製のタイヤが標準装備になった）、どれだけ売ろうが永遠に元が取れないほど莫大な金を訴訟で使ったため、フォードとしては忘れたい１台だろう。

安全性にかかわる自動車史上まれに見る問題を起こした

スペック	
最高時速	180 km/h
加速時間 (0~96 km/h)	9.9秒
エンジン	V型6気筒
排気量	4015 cc
総重量	2025 kg
燃費	6.4 km/L

←写真はオフロードを果敢に攻めるエクスプローラー。だが実際には「オフロード」といっても、小学校やショッピングモールのそばの縁石に乗り上げるくらいだが。

エクスプローラー「タイヤが破裂」

もったいない

なんとももったいない１台。タイヤの欠陥を別にすれば、よくできたフルサイズＳＵＶだからだ。若いファミリーが重宝する、使い勝手のいい移動手段になれたはずなのに。

1997年にモデルチェンジ。顔つきが丸くなり、ホイールアーチも変わったが（ぶざまに大型化された）、一度ついてしまった悪印象はぬぐいきれなかった。

少なくとも車内スペースは広く、居住性もいい。７人乗りで、内装はワンランク上のクルマの標準に近付いた。

リコール問題と訴訟沙汰は当時、マスコミで大きく報じられた。フォードとファイアストーンは多くの事故被害者に多額の賠償金を支払うはめに。

シャーシのわりにスピードが出すぎたのも問題のひとつ。重心が高い作りに、パワフルなエンジンは合っていなかった。

ISOフィディア
ISO FIDIA

リボルタ・クーペとスーパーカーのグリフォで驚きの成功を収めた後、イタリアの家庭用電気器具メーカーのＩＳＯが一般車市場への進出を狙って送り込んだのがこれ。1967年に登場した４ドアエグゼクティブ・サルーンで、エンジンはＶ８。と聞くと悪くなさそうだが、問題は値段。開発費が予想を大幅に上回ったため、販売価格を上げざるをえず、最終的にロールス・ロイスよりも高額に。そのくせ作りが粗くサビに弱いとあっては、売れるはずもない。1974年の時点で販売台数は200台にも届かず、さらにオイルショックの打撃をまともに受けた結果、メーカーは倒産した。

得意の冷蔵庫や洗濯機作りに専念していればよかったものを。とはいえこのクルマ、見かけはなかなかいい。作り手が違っていれば、名車の仲間入りを果たせたかもしれないのだが。

現在では物珍しさも手伝って高値がついている。現存するクルマはごくわずかで、その大半が個人の収集家か博物館の手元にある。もったいない話だ。ごく一般的なエンジンとトランスミッションを積んでおり、町走りにじゅうぶんに耐えられると思うのだが。

値段が張るのに作りは粗雑でサビに弱かった

スペック

最高時速：210 km/h
加速時間（0～96 km/h）：7.2秒
エンジン：Ｖ型８気筒
排 気 量：5359 cc
総 重 量：1288 kg
燃　　費：5.3 km/L

←ご覧のとおり、内装はまさにイタリアンエレガンス。謎のブロンド美女は特別オプション？

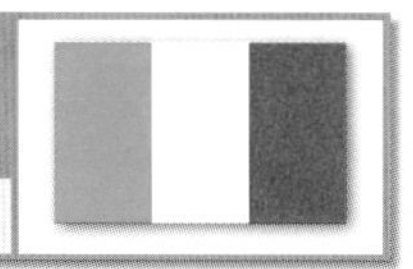

フィディア
「個性的ですか？ まあまあ。魅力的ですか？ いいえ！」

フィディア？ それともロールス？

生産コストの上昇に伴って販売価格も上がり、結果的にロールス・ロイス並みの値段に。どちらを選ぶかは、一目瞭然でしょう。

イタリア産と聞くと、しなやかな曲線美を期待するかもしれないが、これは例外。むしろどちらかというと地味めで、上に反った感じのリアがかえって不自然。

手縫いの革張りと磨き上げられたウッドパネルは確かに豪華だが、そのせいで値段もべらぼうに高い。一般人に手が出るはずもなく、当然、売上は惨憺たる結果に。

見かけによらず、フォードのＶ８エンジンのおかげでスピードは出る。ただ、そのパワーにハンドリング性能が追いついていなかった。

魅力的ではないが、ほとんど平らな縦長のボディは個性的。トリノのギア社によるデザインだ。

いすゞピアッツァ・ターボ
ISUZU PIAZZA TURBO

大型トラックと四駆車で成功を収めたいすゞによる初のスポーツカー。まずいすゞはイタルデザインに助けを求め、ジュネーブ・モーターショーで発表されたコンセプトカー「アッソ・ディ・フィオーリ（「クラブのエース」の意）」の提供を受ける。そのコンセプトを元にクルマ作りに入ったのだが、経費節減のため、プラットフォームはボクゾール・シェベットが元のGM製を使用することに――シェベットは機敏なスポーツカーとの評判はさっぱり聞かないクルマだったのだが。

ハンドリング性能が極端に低く、作りも最低だと叩かれたいすゞ。そこでハンドリングの向上を図るべく今度はロータス社に頼ったのだが、性能は劇的には変わらず、遅きに失した感もあり、ピアッツァの評判回復は叶わなかった。

しかもこのクルマ、80年代半ばの日本車とは思えないほどサビにめっぽう弱く、とりわけリアのサブフレームとホイールアーチが餌食になった。掃除をさぼっていると、シルとドアボトムにサビで大きな穴が開くことも。

掃除をさぼると、シルやドアボトムに大きな穴が開きかねない

スペック

最高時速：180 km/h
加速時間（0〜96 km/h）：7.2 秒
エンジン：直列４気筒
排 気 量：1994 cc
総 重 量：1190 kg
燃　　費：9.4 km/L

←横から見ると、元になったジウジアーロによる「アッソ・ディ・フィオーリ（「クラブのエース」の意）」のコンセプトがよくわかる。

ピアッツァ・ターボ
「王様になれなかったクルマ」

ボンネットが後ろ開きのため、メンテナンス作業がしづらかった。

スタートダッシュ

ターボラグがひどく、ステアリング性能は劣るが、加速力は取り柄。そのためか、いまだに熱狂的なファンがついている。

そもそもオペル・カデット／ボクゾール・シベットのシャーシを選んだこと自体が疑問。ロータスの力を借りてから多少ましになったが、ハンドリングがひどかった。

キャビンはとりあえず必要なものを並べたという感じで、デザイン的な調和は皆無。シートの座り心地も悪い。

初期モデルは特に作りが悪く、リア・ホイールアーチ、シル、ウィング、フロアパンがサビの餌食に。

ランチア・ベータ

LANCIA BETA

信じられないかもしれないが、たった1モデルの失敗でメーカー全体の評判が地に落ちることもある。このクルマの場合がまさにそれに。ランチアを変える1台との大げさな触れ込みはウソではなかった。無論、悪い意味で、である。ベータの物語は悲劇以外の何ものでもない。デザイン的には素晴らしく、スタイリッシュで車内スペースも広くて運転も楽しい。しかもサルーン、クーペ、コンバーチブル、ステーションワゴンとバリエーションも豊富だった。ところがフィアット社の圧力でコストを極限まで削られたため、ランチアは安い鋼材を使用。当然、質は最悪で、それこそショールームを出る前からサビはじめる有り様だった。全身をサビにむしばまれた愛車がオーナーの目の前で無惨にも崩れ落ちたことまであったとか。ダメ押しは大量のベータが納車前に溶接し直されていたと報じた英『デイリーミラー』紙の記事。それ以降、売上がぴたりと止まった。

改良後はずいぶんとましになったのだが、時すでに遅し。英国のある輸入業者は、大量の在庫車の莫大な維持費を知るや、すべて廃車にしたとの噂も。

ショールームを出る前からサビ始める有様だった

←広告によれば、「迷うことなし」の1台。販売店が「迷うことなく」下取りを断るという意味？

スペック	
最高時速	171 km/h
加速時間（0～96 km/h）	9.9 秒
エンジン	直列4気筒
排気量	1592 cc
総重量	1076 kg
燃費	9.9 km/L

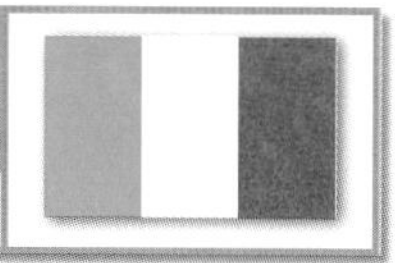

1972～85年 イタリア

ベータ「ランチアを変えたクルマ」

バリエーションは豊富。セダン、クーペ、コンバーチブル、そしてスポーツワゴンのHPE。

むやみにケチるものじゃない

ボディ作りには金をケチるべからず。見てくれはいいが、客が買う前からサビているというお粗末なクルマでは、売れるはずもない。

ボディに安い鋼材を使ったため、シル、ドア、トランクフロア、フロント・ファイアウォール、ヴァランス（フロントスカート）、スカットル、フロアパンと、どこもかしこもサビだらけに。

サビがあまりにひどく、エンジンマウントが外れることも。結果、でこぼこがひどい道を走ると、エンジンブロックが落ちるという悲惨な事態に。

よく考えられた内装、強力なツインカム・エンジン、このクラスにしては驚くほど高いハンドリング性能……サビに弱くなければ、いいクルマだったのに。

ランチア・ガンマ

LANCIA GAMMA

ヒット車を作る材料は揃っていたのに、レシピがなかった好例。見るからにシャープで、目をみはる内装と見事なハンドリング性能を兼ね備えたエグゼクティブ・サルーン＆しゃれたクーペ。売れそうな雰囲気がぷんぷんだったが、信頼性が極端に低く、サビに弱いことが発覚。そのため市場ではまるで奮わず、ランチアは莫大な損失を被った。いちばんの問題は水平対向４気筒エンジンの「ボクサー」で、2.5Ｌは４気筒には大きすぎ、作りも悪かった。カムベルトがよく外れ、そのせいでシリンダーヘッドとバルブがいかれてしまい、オーナーはべらぼうに高い修理費を払わされることに。後に改善されてずいぶんとましになったが、第一印象の悪さは最後までぬぐえず、市場でしかるべき成績を上げることは叶わなかった。

サルーンとクーペの他にも、ランチアはいくつかコンセプトカーを発表。スポーティーなコンバーチブルやメガガンマなるミニバンもあった。後者はもし生産されていれば、あるいはランチアの救世主になっていたかもしれない。その２年後、ライバルのルノーがエスパスを発表。これが世界各国で評判を呼び、まったく新しい市場を切り開いたからだ。ランチア首脳陣はさぞかし悔しがったことだろう。

信頼性が低く、サビに弱いのが致命傷だった

スペック

最高時速：203 km/h
加速時間（0～96 km/h）：9.2 秒
エンジン：水平対向４気筒
排 気 量：2484 cc
総 重 量：1373 kg
燃　　費：8.1 km/L

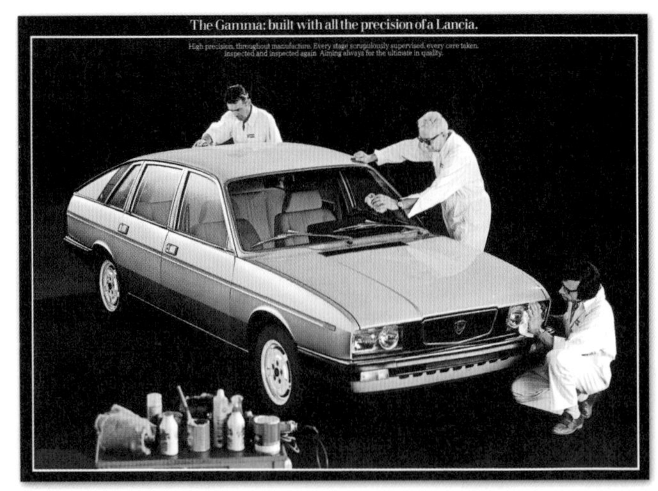

The Gamma: built with all the precision of a Lancia.
High precision, throughout manufacture. Every stage scrupulously supervised, every care taken.
Inspected and inspected again. Aiming always for the ultimate in quality.

←「ランチア車らしい精密な作り」と謳っているが、すでにベータのサビ問題が取りざたされていたことを考えると、うまい宣伝コピーとは思えないのだが……。

1976～84年 イタリア

ガンマ「狼の皮を被った羊」

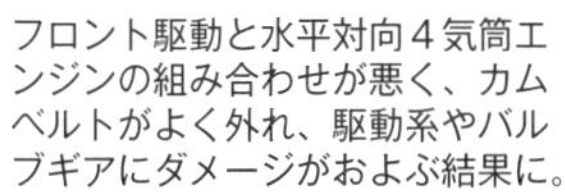

格好だけ

内装は素晴らしい。キャビンの美しさは群を抜いていた。外見もシャープで格好いい。だがボンネットの下は……。

横から見ると、クーペはしなやかな獣を思わせる。セダンはそうでもないが。

5速マニュアルか4速ＡＴの選択可能。後者はＢＬ社がミニとアレグロに採用したＡＰ製4速ＡＴのほぼ丸写し。

欠点は多いが、スウェード張りのシートやダッシュボードのおしゃれなレイアウトなど、キャビンは衝撃的なまでに美しかった。

フロント駆動と水平対向４気筒エンジンの組み合わせが悪く、カムベルトがよく外れ、駆動系やバルブギアにダメージがおよぶ結果に。

レイランドP76

LEYLAND P76

オーストラリア界隈のみで生産・販売されたＢＬ車。登場は1973年。６気筒の高トルク・エンジンを積んだ後輪駆動車で、ホールデンやフォードの大型サルーンと張り合えるはず、だった。だがさえないスタイリング、極端に低い信頼性、最悪のハンドリング性能のせいで、「オーストラリアのエドセル」と蔑まれることに。当初の期待をはるかに下回る売上だったため、レイランド・オーストラリアはてこ入れのためフォース７なるスポーティー・クーペを投入したのだが、これがP76に輪をかけてひどい代物で、市場での成績も輪をかけて奮わなかった。結果、P76プロジェクトはわずか２年ほどで中止になり、巨額の赤字だけが残った。

そこでレイランド・オーストラリアはローバー、トライアンフ、ジャガーといった輸入車の販売に専心し、かなりの成功を収めた。最初からそうしていれば、大金を失わずに済んだものを。

とはいうものの、P76は現在、なぜか一種のアイコン的な扱いを受けており、オーストラリアのクルママニアによるオーナーズ・クラブの他、その悲惨な一生を綴った本まである。

さえないスタイリングゆえ“オーストラリア版エドセル”と蔑まれた

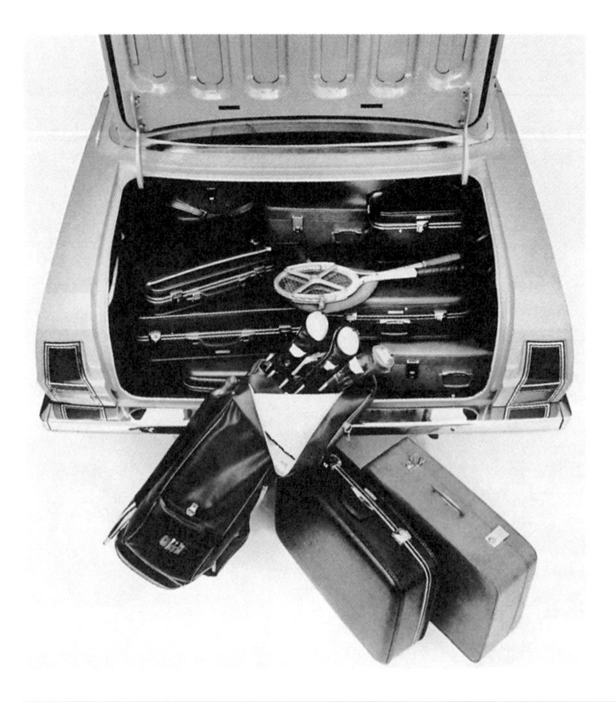

←どうにかして消費者の目を引こうと、ライバルに比べてどんなに広く、どれほどいいクルマなのかを必死でアピールしている。だが売上はまるで伸びなかった。つまり、広告を信じた人はほとんどいなかったということ。

スペック

最高時速：168 km/h
加速時間（0~96 km/h）：不明
エンジン：直列６気筒
排気量：2622 cc
総重量：不明
燃費：不明

レイランド P76「オージーの駄車」

横から眺めると、真ん中で折れ曲がっているように見える。中央が横に張り出した独特な形状のドアは視界を良くするためだそうだが、少なくとも見かけは良くない。

『ホイール』誌のお墨付き

『ホイール』誌いわく「もしもレイランド・オーストラリアの新車P76が市場で奮わないようなことがあれば、一般の新車購買層に問題がある」。この記事がいけなかったのかも。

張り合いたかったのはホールデン・コモドアとフォード・ファルコン。だがライバルがいずれも堂々たる姿だったのに対し、P76には威厳らしきものがまるで感じられなかった。

特にリアエンドがサビに弱く、サブフレームとスプリングマウントが餌食に。フロントはそれほどサビなかったが、それは下部が漏れたエンジン・オイルでベトベトだったから！

ハンドリングはよく言って退屈。パワステは軽すぎで、サスもふにゃふにゃ。つまり、路面の情報がドライバーにほとんど伝わらないということ。

マツダ・コスモ110S

MAZDA COSMO 110S

有名なNEU Ro80がロータリーエンジンの先駆者と思われているが、フェリクス・ヴァンケルのローター技術を初めて商業的に実用化したのは、日本のマツダだった。マツダは1967年にヴァンケルのエンジンを積んだスポーツカーを市場へ投入。世界を驚かせるエンジン技術と謳った。ロータリー特有の欠点であるチャターマークによる圧縮および燃焼ガス漏れで出力が急激に低下してしまうのを、マツダはアペックスシールで克服した。

しかし、サビに異常に弱いことが判明したうえに、なんといっても問題は目を背けたくなるほどみっともないこの姿。アヒル口がカモノハシにそっくりだ。わずか1176台を作っただけでプロジェクトは打ち切られ、マツダは開発費のほんの一部しか取り戻せなかった。

マツダはコスモの欠点に驚くほどあけすけだった。英訳者の質が低かったのかもしれないが、それにしても「ロータリーエンジンは誰もが未体験の新製品だ。きみも試してみてはどうだろう。ひょっとしたら、いいかもしれないよ」は、ひどすぎる。

スタイリングについては、同じパンフレットにこう謳われている。「コスモは魚に似ている。大きな魚。陸に上がった巨大魚だ」。確かに。

スペック

最高時速：185 km/h
加速時間（0～96 km/h）：8.2秒
エンジン：ヴァンケル式ツインロータリー
排気量：491cc×2
総重量：940 kg
燃費：8.0 km/L

ロータリーエンジンの配置がよくわかる。エンジンは新奇でボディは珍奇だが、クルマとしてはごく平凡。

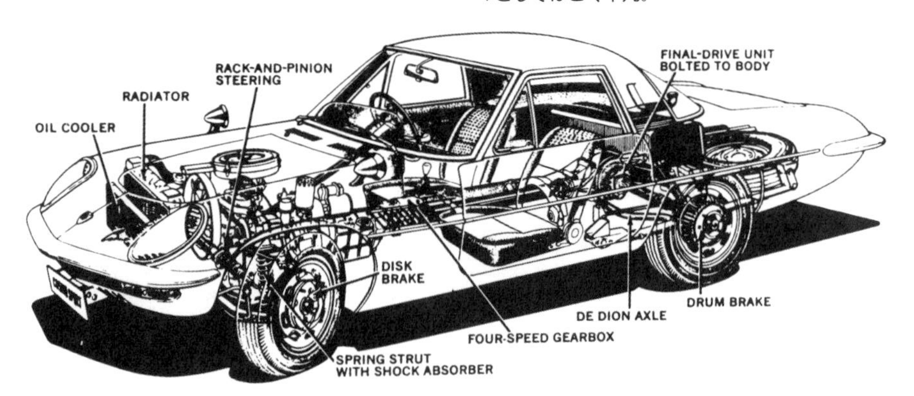

目を背けたくなるほどみっともない姿。カモノハシにそっくりだ

コスモ110S「陸に上がった巨大魚」

トランクは縦長だが浅い。下にスペアタイヤとファイナル・ドライブ・ユニットを積んでいる関係上、そうするしかなかった。

ツインローターの恐怖

フェリクス・ヴァンケルが開発したツインローター技術を実用化した点は評価されてしかるべき。ただ、滑らかというせっかくの長所も、他の問題が多すぎて台無しに。

エンジンだけでなく、デザインも特殊。トランクがボンネットと同じくらい長く、その間の座席スペースはやけに狭い。

ヴァンケルのロータリーエンジンはパワフルかつスムーズ。

日本の各メーカーが防サビ対策の必要性に気づいたのは70年代になってから。つまり、平面が多く水のたまりやすい部分が多いこのクルマは、サビの格好の餌食に。エンジンがなんとかもったとしても、多くはサビにむしばまれて絶命。

モーガン・プラス4プラス
MORGAN PLUS FOUR PLUS

モーガンがその長い歴史の中で一度だけ、風変わりだが古くさいクルマとのレッテルをはがすべく作ったクルマがある。それがこの1963年登場の、ファイバーグラス製ボディを持つプラス４プラスだ。確かにデザインは最先端のＭＧＡ風で見かけはモダンだし、ガス封入式のサスペンション・ダンパーと機能性抜群のウィンドウ・ワインダーも新しかったのだが、シャーシは過去の遺物と言ってもおかしくない標準モデルのプラス４だった。

しかもこのクルマ、手に入れるにはまず金持ちにならないと話にならなかった。値段がべらぼうに高く、比べものにならないくらい出来のいいジャガー・Ｅタイプの倍近くもしたからだ。おまけに信頼性もきわめて低く、乗り心地はひどいもので、ハンドリングは予測不能、キャビンは狭苦しくて居心地が悪いと、ダメ車の見本市だ。

名実ともに「史上最も無意味なクルマ」の先駆けである。見かけはまあまあだが、その程度ではモーガンを選ぶ説得材料にはなりえない。この丸っこいデザインがお好みなら、よく似た形のＭＧＡの新車が余裕で買えたのだから。

乗り心地はひどく、ハンドリングは予測不能、キャビンは狭苦しい

スペック

最高時速：169 km/h
加速時間（0～96 km/h）：不明
エンジン：直列４気筒
排 気 量：2138 cc
総 重 量：632 kg
燃　　費：9.2 km/L

MAKE FRIENDS WITH A
Morgan
PLUS FOUR PLUS
Drive well and influence people with your new Morgan Plus Four Plus. They will be influenced by the surging power of the TR4 engine, by the grip of the Girling front disc brakes, by the comfort, by the individuality of the man who chose Morgan — remarkable value at £1275 inc. P.T. Start by writing for more details of this delightful 105 b.h.p. Sports Car.
KAB
Here's the very latest Morgan the – PLUS FOUR PLUS
MORGAN MOTOR CO. LTD., MALVERN LINK, WORCESTERSHIRE.
London: Basil Roy Ltd., 161 Gt. Portland St. London W.1.

←あまりの不人気ぶりに、広報担当は不憫に思ったのだろう。なにせキャッチコピーが「モーガン・プラス４プラスと仲良くしよう」だもの。

プラス4プラス
「史上最も無意味なクルマ」

薄目で見れば、見間違えるくらいＭＧＡによく似ている。ただしモダンなキャビンの下にあるのは、木製フレームとごくシンプルなレイアウトの機械類。

4プラス……22

わずか２６台しか作られなかったのもうなずける。モーガン社は莫大な開発費をどぶに捨てることに。

車内での移動は無理。ルーフが低いから、乗り降りだけでもひと苦労という、とにかく非実用的な１台。

流線型のファイバーグラス製ボディは一般的なモーガンよりもモダンに見えるかもしれないが、土台は同じで、昔ながらの木製ボディフレームと鉄製シャーシ。

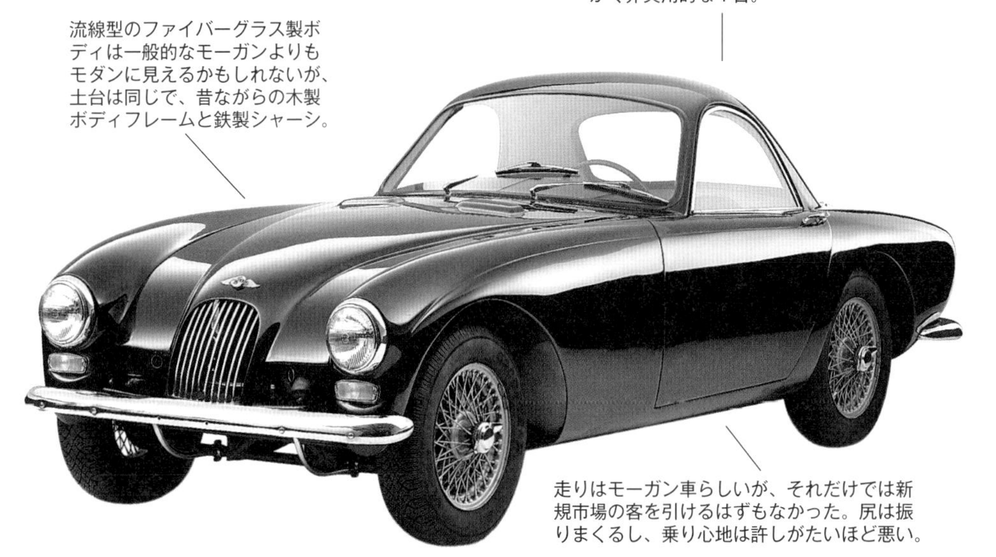

走りはモーガン車らしいが、それだけでは新規市場の客を引けるはずもなかった。尻は振りまくるし、乗り心地は許しがたいほど悪い。

NSU Ro80

NSU RO80

ヨーロッパ・カー・オブ・ザ・イヤーは毎年、その年に登場した中で最高の１台に贈られる。選ばれるのはつまり、どこを取ってもそのクラス一の出来を誇り、莫大な売上が約束されているクルマである。だが時折、間違いも起きる。特に1968年の審査員は有罪ものだ。確かにデザインは目を見張るほど素晴らしく、乗り心地は快適で、スピードもあり、運転も楽しかったかもしれない。だがロータリーエンジンを搭載した大量生産車のはしりという点を考慮し忘れたのは、審査側の大きな見落としだった。ガソリンを尋常じゃないくらい食ううえ、オイルシールの不良による深刻な問題が頻出。結果、売上は惨憺たるもので、生産は10年で打ち切り。メーカーに残ったのは開発の際に負った借金だけだった。他の点では受賞に値するクルマだっただけに、残念だ。

その後、はらわたが煮えくりかえる思いだったオーナーに朗報が届く。フォード・トランジットのＶ４エンジンがそっくりそのままRo80に載せ替え可能で、費用はかかるものの、そうすれば信頼性がぐんと上がるというのだ。だが生粋のファンには受けが悪く、その手の改造車は現在、鼻で笑われている。最大の特徴であるロータリーエンジンのないRo80にRo80を名乗る資格はない、ということなのだろう。もっとも、そんな筋金入りのマニアでも、何度目かのエンジン修理をする頃には思い直しているかもしれないが。

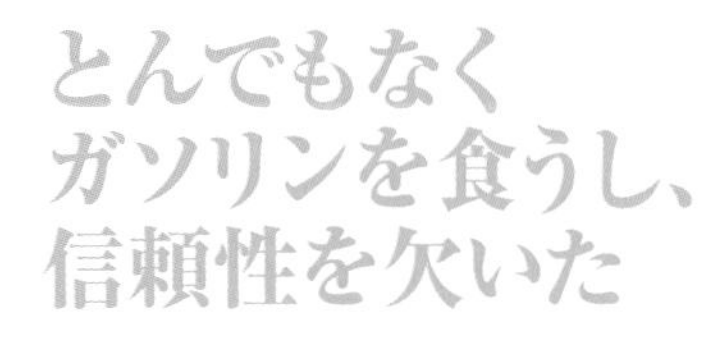

とんでもなく
ガソリンを食うし、
信頼性を欠いた

最高時速	180 km/h
加速時間（0~96 km/h）	12.1 秒
エンジン	ヴァンケル式 ツインロータリー
排 気 量	497.5cc×2
総 重 量	1210 kg
燃　　費	5.7 km/L

←前もってわかっていれば……。写真はRo80のカー・オブ・ザ・イヤー受賞を褒めそやす英国の『カー』誌の表紙。恥ずかしい。

1967~77年 ドイツ

NSU Ro80「ダメカー・オブ・ザ・イヤー」

長いノーズと短いリアは、当時にしてはわりと斬新なデザイン。横から見た姿は、たとえばライバルの野暮ったいオースチン・ケンブリッジなど、同時代のクルマと比べてかなりモダン。

エンジンの問題以外は、画期的な1台だった。標準モデルでもキャビンは広々としており、セミATと4輪ディスクブレーキを装備。

エンジントラブル

Ro80の問題はエンジン。だがクルマ好きには言うまでもなく、エンジンはクルマの要だ。つまりいくら他が良くても、ダメなエンジンを積んだら最後、たちまちダメ車に早変わりする、ということ。

オーナーはほぼ全員、ロータリーエンジンの問題に頭を悩ませた。いちばん多かったのがオイルシールの不良だが、オイルとガソリンがすぐに底を突くのも厄介だった。

当初は衝撃的な外観だったし、今でもじゅうぶんに新鮮。エンジンがもう少しまともだったら、大ヒット車になれたかもしれない。

オーグルSX1000

OGLE SX1000

産みの親はデヴィッド・オーグル。ファイバーグラス・ボディ車作りの先駆者で、爆発的な成功を収めたリライアント・シミターのデザインを手がけた人物だ。オーグルの狙いは、なりは小さいが装備は豪華な、モダンなスタイリングのクーペ。だが出来上がったのは、ずんぐりむっくりの醜い代物だった。

それでもミニ・バンのプラットフォームとBMCのAシリーズのエンジンを使うなど、コストの削減には成功したＳＸ1000だったが、ロードテストでボディの弱さとハンドリングの不安定さが指摘されていた。その危険性をはからずもオーグル本人が証明することになる。社用車の運転中、高速カーブでコントロールを失い、事故死してしまった。当然ながら投資家らの信用はがた落ちで、産みの親で最大のファンであるオーグル氏を失ったプロジェクトは、その死と同じくらい唐突に打ち切られた。

だがその後、クルマのオーグルは蘇る。その死から43年後、英キットカー会社のノスタルジア・カーズがボディの型を発見、古いミニをベースに受注生産を再開したのである。ＮＣ１０００と改名された同車は現在、自分で作るなら、家族向けハッチバック車と変わらぬ値段で手に入るし、追加パーツ一式と潰してもいいおんぼろのミニを１台渡せば、ノスタルジア社が作ってくれる。

モダンなクーペを目指した結果が、ずんぐりむっくりの醜い代物とは！

↑どことなく潰れたオースチン・アレグロに見えるのは偶然ではない？

スペック

最高時速：145 km/h
加速時間（0～96 km/h）：14.1 秒
エンジン：直列４気筒
排気量：997 cc
総重量：587 kg
燃費：11.4 km/L

オーグルSX1000「手作りの死の罠」

テールランプのレンズはMk1ミニのものと同じ。ただし縦でなく横置き。

来世

SX250としても転生した。もともとダイムラー社が買うはずだったが、最終的にリライアント社が購入。このクルマを元にシミターGTを開発した。

デヴィッド・オーグルのデザインは確かに大胆で、ひと目でそれとわかる。ずんぐりとした図体と、眉をひそめて困っているかのような顔は見目麗しいとは言えないが。

ベースがミニだけに、ハンドリングは一興。ただしボディがファイバーグラスでミニよりもはるかに軽かったため、トップスピードでは扱いがかなり難しくなることも。

土台になったクルマと同じく、気分はミニマリスト。完全なる2人乗りで計器類も最小限と、キャビンの作りはきわめて簡素だ。

パンサー・ソロ

PANTHER SOLO

市場で出だしからつまずいた英国のスーパーカー。1989年のモーターフェアでは大喝采をもって迎えられた。見かけははっとするほどスタイリッシュで、ファイバーグラス製ボディとアルミフレームを装備。エンジンはフォード・コスワースのターボで、運転して楽しく、価格も驚くほど手頃と、いいことずくめのはず、だった。だが開発費がかさみすぎて、1990年ショールームに並んだ時には、すでに死を目前に控えていた。

かけた金を少しでも取り返そうと、大慌てで生産に入ったのがいけなかった。開発が不充分で、四駆システムは問題だらけだし、乗り心地もひどいものだった。まともに作っていれば名車になる可能性もあったというのに。だがやり直すチャンスをもらう間もなく、パンサー社は管財人の管理下に置かれ、ソロは生産打ち切りの憂き目に。結局、完成したのは12台だけだった。

どこかの企業がソロを買って生産を再開するのではとの話もあり、韓国の自動車メーカーやマレーシアのプロトン社などの名が候補として挙がっていたが、噂だけで終わった。

四輪駆動システムは問題だらけで、乗り心地もひどかった

スペック

最高時速：232 km/h
加速時間（0〜96 km/h）：6.8秒
エンジン：直列4気筒
排 気 量：1993 cc
総 重 量：1225 kg
燃　　費：8.5 km/L

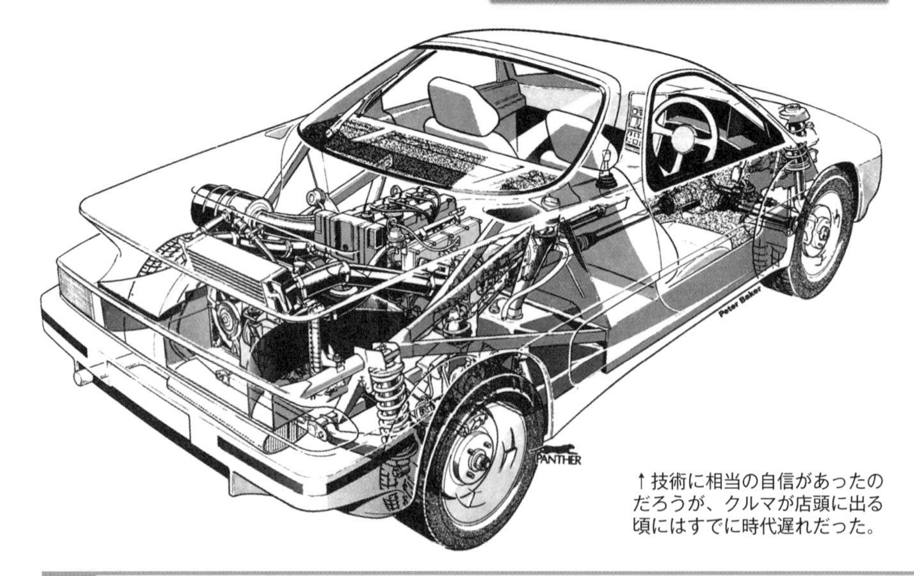

↑技術に相当の自信があったのだろうが、クルマが店頭に出る頃にはすでに時代遅れだった。

パンサー・ソロ
「出だしからつまずいたスーパーカー」

ハッチは後ろ側から大きく開くため、エンジンのメンテナンスはしやすかった。

たられば

業界史に残る屈指の"たられば"車。天下を取るはずが、メーカーの命を取った。

特注のスーパーカーを買い求める客は、内装もオリジナルにこだわるのが普通。なのにパンサーのスイッチ類はフォードとボクゾール製の寄せ集めだった。

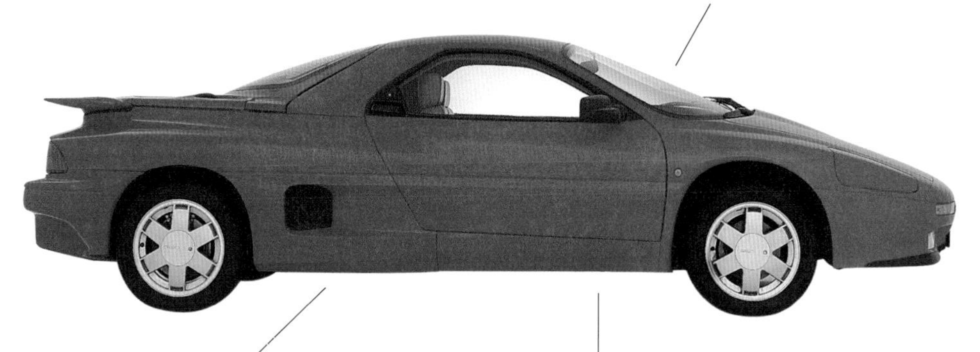

ミッドシップ・エンジンはフォード・シエラ・コスワースがベース。だが激しいターボラグとローギアで力を発揮する走りはパフォーマンス重視のスーパーカーよりラリーカーに向いている。

四駆なのだからハンドリング性能は高いはずなのに。作りが複雑すぎて、まともに機能できなかったのか。装備されたＬＳＤの容量が不充分でステアリングの切れ角やトルク変動に対してじゅうぶんに働かなかった。

リライアント・シミターSS1

RELIANT SCIMITAR SS1

コンセプト自体は悪くなかった。MGミジェットとトライアンフ・スピットファイアが市場から消えるなか、価格も維持費も低くて済む新しい小型2シーターを求める声は間違いなくあったからだ。だが、問題はクルマとしての出来そのもの。まず、この醜い姿を見てほしい。イタリア人ミケロッティがデザインを任されたのだが、完成を待たずに彼が死亡したことが響き、細部の仕上げがひどい代物に。ウェッジシェイプはデザインプランどおりだが、作りの質が壊滅的に低く、パネルは隙間だらけだし、ドアの立てつけも悪かった。エンジンもフォード・エスコートXR3iのフューエル・インジェクション式を載せるはずだったのに、ボンネットが低すぎて収まりきらず、パワーのはるかに劣るキャブレター式で妥協することに。結果、リライアント社は莫大な損失を出し、破産管財人の管理下に置かれてしまった。

このクルマのせいでリライアント社は莫大な損失を出し、二度と立ち直れなかった

90年代、リライアント社はあの手この手で再生を試み、SS1も再登場を繰り返した。が、98年以来、リライアントから新車は登場していない。

The Scimitar SS1 gets you away in style. Gets you away in comfort. With crisp performance, impeccable road manners and high standards of reliability and economy.
Styled by Michelotti and built by a new technology process, the body is rustproof, knock resistant and inexpensive to repair.
And the spacious interior with its deep, velour faced seats and relaxed driving position is designed for comfort.
Power is provided by well proven 1300cc or 1600cc overhead camshaft engines.
The 1600cc, shown here, achieves 110mph, 0-60 in 9.6 secs. and 46mpg at a constant 56mph.
The SS1 gets you away from the humdrum.
From just a little over £7000.
SCIMITAR SS1
RELIANT · TAMWORTH · ENGLAND

←リライアント一押しの「お出かけ車」が向いているのは南、つまり下方。会社の行く末を暗示？

スペック

最高時速：174km/h
加速時間(0〜96km/h)：11.5秒
エンジン：直列4気筒
排気量：1596cc
総重量：873kg
燃費：9.9km/L

シミター SS1「リライアント、最後のあがき」

スタイルに統一感がないのには、悲しい理由がある。当初デザインを担っていたジョバンニ・ミケロッティが途中で死去。仕上げをリライアント社のデザイナーが行ったためだ。

シミターの復活？

シミターが再び登場する可能性はなきにしもあらず。生産用の機器がまだ残っているからだが、今さら復活したとしても、たいした話題にはならないだろう。

これほどの手落ちも珍しい。エンジンルームの高さが足りず、予定していたフォードのフューエル・インジェクション式エンジンが収まらなかったのだから。かなり後になって日産製のものを積んだが、それまではキャブレター式で間に合わせていた。

ポップアップ式ヘッドライトはよくある選択ミスのひとつ。電気回路がサビつき、よく壊れた。

スタイリングもひどければ、パネルの立てつけも悪かった。ドアもトランクもまともに閉まらないという体たらく。

ロールス・ロイス・カマルグ

ROLLS-ROYCE CAMARGUE

新たな顧客層の開拓を目指したが、惨敗に終わった典型的なクルマ。印象的な２ドアクーペのデザインはピニンファリーナによるもので、多少は若い層を惹きつけるのが狙いだったが、結果は大コケ。最大の原因は価格にある。当時の市場で最も高額なクルマだったため大半の若い層には手が出せず、手を出せる層には側面の平べったいデザインが下品だとして嫌われた。

作りが悪いのも問題で、特にシルとホイールアーチがサビに弱く、シルバー・シャドウの作りには足下にもおよばなかった。結果、より一般的なデザインで、はるかに見かけのいいコーニッシュに人気を奪われたこのクルマ、ロールス・ロイス社最大のダメ車としてショールームで生き恥をさらすことに。ロールス史上屈指のレア度を誇るが、いまだ熱狂的な信奉者を生むには至っていない。もしもあなたがなるべく金をかけずにロールスのオーナーになりたいなら、探してもいいかもしれない。

スペック

最高時速：190 km/h
加速時間（0〜96 km/h）：10.8 秒
エンジン：V型8気筒
排 気 量：6750 cc
総 重 量：2347 kg
燃　　費：3.6 km/L

↓登録番号「1800 TU」は1920年代からロールス・ロイスとベントレーのデモ車の証。

最大のダメ車としてショールームで生き恥をさらした

カマルグ「ロールス・ロイス最大の厄介もの」

純粋主義者には不向きだが

ロールス・オーナーらの蔑んだ視線に耐えられるのであれば、買ってもいいかも。走り自体は他のロールスとまるで変わらないのだから。

サイドを平面にしたため、給油口はリア・ピラーに。美観は損なわれていないとロールス社は言っていたが、どう見ても不自然。

見かけはともかく、エンジンは完成度の高いロールス伝統のＶ８。

ピニンファリーナによるデザインにしては、出来はいまひとつ。サイドがすとんと落ちた、フラット面の多いデザインに昔ながらのロールス・ファンは眉をひそめた。

贅を尽くした内装を求めるのは、どのロールス・オーナーも同じ。厚い革張りシート、大型のエアコン、美しいウォルナット製のダッシュボードなど、カマルグの車内も豪華絢爛。

スチュードベーカー・

STUDEBAKER AVANTI

アバンティの登場前、1962年にはもはや、スチュードベーカー社は青息吐息だった。ライバル社と競って大衆向けのクルマを次々に送り出せるほど大きな工場がなかった同社が生き残るために選んだ道が、生数は少ないが確実にいる好き者に向けた、豪華でハイテクなクルマの生産だった。だがこのクルマ、ディスクブレーキやモダンで快適なキャビンなど技術的には高かったものの、商業的にはまったくの失敗作で、自動車メーカーとしてのスチュードベーカーを永遠に葬り去ることに。デザイナー、レイモンド・ローウィの手になるボディは一般人の目には奇抜に過ぎたし、作りの質も高いとは言えず、しかも値が張った。

無論、消費者の目はごまかせず、アバンティは登場から1年余りで市場から消滅。スチュードベーカー社も店をたたんだ。ただアバンティは1965年、熱狂的ファンだったネイト・アルトマンとレオ・ニューマンの手によって、うりふたつの車アバンティⅡとして復活。90年代まで完全限定で作られ続けた。

驚きなのは、このクルマ、求める人が後を絶たなかったことだ。どうせなら、商品としてまともな物より他人が持っていない物が欲しい、と考える人は少なからずいるのだろう。

最大の問題のひとつがエンジンのクーリング・システム。フラット・ノーズは空力的にはいいが、ラジエーター・グリルがないため、ボンネットの下がすぐ熱々に！

技術的には高かったものの、商業的には全くの失敗作

←意匠を凝らした作りのダッシュボードはエレガント。光り輝くアルミ製のステアリング・ボスに注目

スペック

最高時速：200 km/h
加速時間（0～96 km/h）：11.1秒
エンジン：V型8気筒
排気量：4763 cc
総重量：1350 kg
燃費：7.4 km/L

アバンティ

1963〜64年 アメリカ

アバンティ「奇抜は受けない、という証」

横から見ると、割と普通。だが前か後ろから見ると……。

スチュードベーカー社の救世主？

スチュードベーカーを救うはずが、潰すことに。装備はモダンでも、作りが粗悪で価格も高すぎた。

工場がインディアナ州サウスベンドという米自動車産業の主要地から遠く離れた場所にあったため、部品を取り寄せるだけでひと苦労だった。結果、多くは排気システムなどのパーツが揃っていないまま工場を後にした。

目立つのは確か。デザインを担ったのは、かの有名なレイモンド・ローウィ。コカコーラの瓶、煙草のラッキーストライクの箱、シェル石油のロゴマークなど、アメリカを代表する商品／商標を手がけた人物だ。

ブレーキに関して欧州に大きく遅れを取っていた米自動車業界。そのなかにあって、ディスクブレーキがいち早く標準装備だったのは立派。

ボディはファイバーグラス製。だが開発が不充分で、最初期モデルは、特に炎天下ではよくひび割れた。

スバルSVX

SUBARU SVX

　ラリーで大成功を収める以前、スバルは丈夫だがつまらない四駆のサルーン／ステーションワゴン・メーカーで、日本では人気があったものの、海外では受けが悪かった。そこでイメージを刷新すべく、80年代半ばに大失敗したＸＴクーペに続き、スバルが市場に送り込んだ第2弾がこれ。登場は1991年で、自慢のボクサーエンジンおよび四駆システムを搭載。グリップ力はかなりのもので、運転して楽しいクルマだったが、いかんせんデザインが悪すぎた。イタルデザイン社と自社デザイナーの案を混ぜ合わせたため、調和が皆無。特にサイドの細部は目を覆いたくなるほど醜悪で、巨大なガラスと一部しか開かないウィンドウは変としか言えない。しかも価格がやたらと高いというおまけつき。結局、わずかしか生産されず、スバルは開発費のごく一部しか取り戻せなかった。

　どういうわけか途中までしか開かない窓も奇妙。アイデアとしては面白いかもしれないが、実用性に著しく欠ける。キャビンの空気を入れ換えたい時など、不便で仕方がない。

スペック

最高時速：232 km/h
加速時間(0~96 km/h)：8.7秒
エンジン：水平対向6気筒
排 気 量：3319 cc
総 重 量：1602 kg
燃　　費：8.3 km/L

ガラス窓が巨大すぎ、一部しか開かないウィンドウはあまりに奇妙

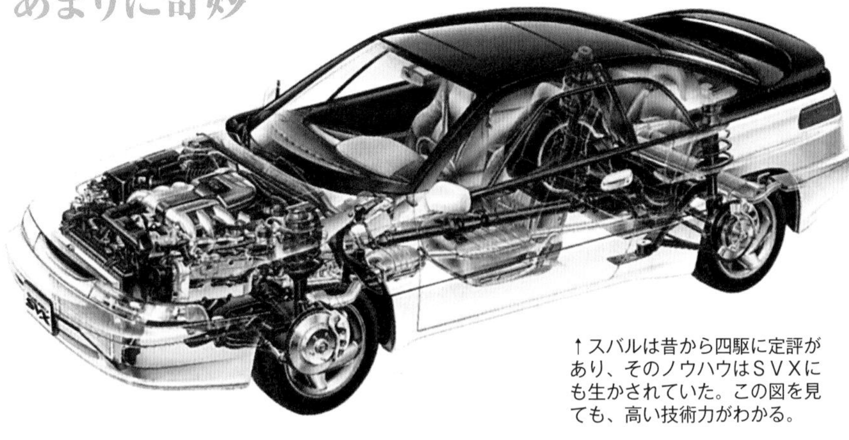

↑スバルは昔から四駆に定評があり、そのノウハウはＳＶＸにも生かされていた。この図を見ても、高い技術力がわかる。

スバルSVX「センスなし」

横から見ると、窓のデザインの不可思議さが際立つ。中程にあるシルの下は普通に開閉するが、上の部分は動かない。

クルマは消えたが、タイヤの跡は残した

多額の投資を取り返そうと必死だったスバル。その努力がＳＶＸの水平対向６気筒エンジンでレガシィやフォレスターの成功につながった。

レガシィにも使われている四駆シャーシのおかげで、グリップ力は抜群。価格がもう少し低く、デザインがこれほどひどくなければ、名車の仲間入りを果たせたかもしれないのに。

安物のプラスチックを使い、デザインも平凡で、内装はつまらない。外観がこれほど珍奇なのだから、そのポリシーを徹底すればよかったものを。

エンジンはなかなかのパフォーマンスを誇るが、燃費があまりに悪かった。

タルボ・タゴーラ
TALBOT TAGORA

史上最も意味のわからないクルマのひとつ。1978年、プジョーがクライスラー・ヨーロッパ社を買った際、見事なまでに売れなかったクライスラー180に代わるクルマとして、同車の開発はすでに進められていた。

プジョーには505という中の上クラスのエグゼクティブカーがあったのだから、開発を中止するのが妥当な選択だと思うのだが、なぜか同社は開発を続行。タルボ・ブランドのタゴーラと名付けて売り出した。もちろん、どうしても市場に出したいほどいいクルマだったのなら、納得もできる。

だが実際はその正反対のクルマなのだから、意味がわからない。スタイリングは件の180に輪をかけて退屈で、ハンドリングは危険そのもの、内装はすぐにサビついてボロボロになる始末。3年は生産されたが、プジョーはあまりの損失の大きさにたまりかね、中止を決めた。

その決断に至る前に604のターボ・ディーゼル・エンジンを積んでもみたのだが、いくら金と技術を注ぎ込んでも売上の伸びにはつながらなかった。

スペック

最高時速：171 km/h
加速時間(0〜96 km/h)：11.6 秒
エンジン：直列4気筒
排 気 量：2155 cc
総 重 量：1227 kg
燃　　費：10.2 km/L

ハンドリングは危険そのもの、内装はすぐにサビついてボロボロに

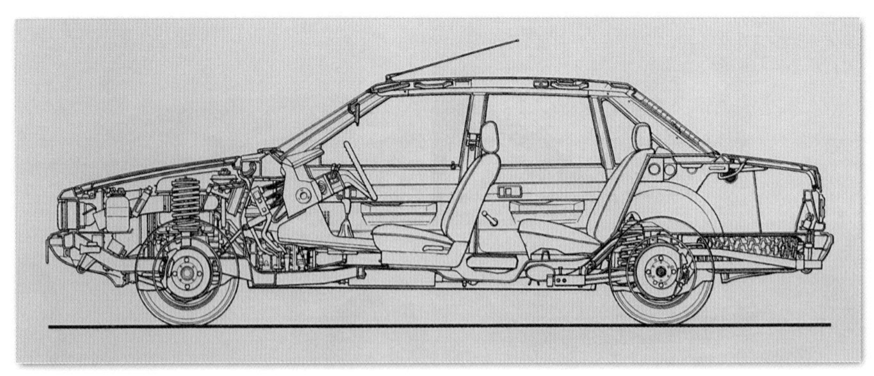

↑最新技術を見せつけるつもりだったのだろうが、いかに平凡かをわざわざ知らしめる結果に。

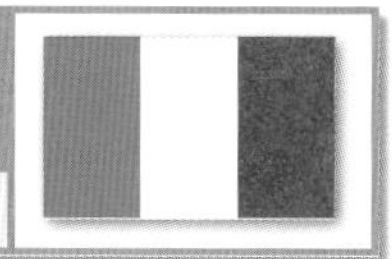

タゴーラ「何から何までダメ」

アロイホイールは最高級モデルのタゴーラＳＸのしるし。革張りにクルーズコントロール付きで、オートマ仕様だった。

不思議の国の……

何から何までひどいくせに、機械類は丈夫であることが判明。サビがさほど問題にならない南ヨーロッパでは、数は少ないがいまだ現役で走っている。

ハンドリングは刺激ゼロ。べたっとした乗り心地にもがっかりさせられる。

高級車市場では内装に仕上げの良さと高級感が不可欠なのだが、そのいずれもない。

平凡極まりなかったクライスラー 180 の後釜だけに、ひと目でそれとわかるスタイルが求められたのだが。担当者がそれをデザイナーに伝えるのを忘れたらしい。

タッカー・トルピード

TUCKER TORPED

栄光をつかめそうだったのに、その寸前で届かなかった一例。産みの親は億万長者のビジネスマン、プレストン・タッカーで、氏が目指したのは世界一進んだクルマだった。リッチな投資家らの支援を得て誕生したクルマは、当初は絶賛された。空力を考慮したスタイリングで、中も広く、中央のヘッドライトはステアリング・ホイールを切ると動くという斬新なものだった。

ところがなんと、タッカーが詐欺容疑で逮捕。後に無罪となったが、時すでに遅く、投資家らはすでに手を引いていた。かくして最新技術を駆使した1台のはずが、物笑いの種になり、わずか50台が生産されただけで、工場は閉鎖された。

ただ、トルピードが世界最悪のクルマかというと、そんなことはなくて、むしろデザインとコンセプトはその対極にある。だがメーカーを潰したという点で、このカテゴリーから外すわけにはいかないだろう。

クルマ自体は素晴らしかったが、金の臭いもぷんぷんした。人間の強欲と資本主義の犠牲になった悲劇の1台だ。世界最高のクルマになってもおかしくなかっただけに、世界屈指の失敗作として人々の記憶に残っているのが残念でならない。

史上屈指の名車になりえたものが、経営者のせいで物笑いの種に

スペック

最高時速：193 km/h
加速時間(0~96 km/h)：10.1 秒
エンジン：水平対向6気筒
排 気 量：5491 cc
総 重 量：1909 kg
燃　　費：7.1 km/L

MGM/UA HOME VIDEO
ELITE COLLECTION
JEFF BRIDGES
TUCKER THE MAN AND HIS DREAM™
DIRECTED BY FRANCIS FORD COPPOLA
PG

←トルピードの物語はハリウッド映画にもなった。プレストン・タッカーを演じたのはジェフ・ブリッジス。

1947~48年 アメリカ

トルピード「資本主義の犠牲者」

車高をここまで低くできたのは軍用ヘリのエンジンを使ったからで、可能な限りコンパクトにされていた。

欲をかいたら損をする

本来なら本書に登場するクルマではないのだが。悪いのは産みの親の強欲だ。

中央のヘッドライトは発想の勝利。ステアリング・ホイールとともに動いて進行方向を照らす優れもので、急なカーブの時などに便利だった。

エンジンは5.5Lの水平対向の空冷式。大柄にもかかわらず驚異的なパフォーマンスを誇り、160km/hを優に超える速度でのクルーズが可能。

スタイリングが抜群というだけではない。流線型を自動車界に持ち込んだ先駆者の1台でもある。開発プロジェクトが途中で破綻さえしなければ、巨大な成功を手にできたかもしれないのだが。

フォルクスワーゲンK70

VW K70

　空冷式のビートルとタイプⅢで高い評価を手にしたフォルクスワーゲン社が、一般市場をも手中に収めるべく送り込んだ水冷式のコンパクト・サルーン車。1969年に買収したＮＳＵ社のデザインを元にした、運転して楽しい洗練された１台だったのだが、残念ながら採算がまるで取れなかった。

　フォルクスワーゲンは相互交換の利くパーツ作りに定評があり、それで生産費を抑えていたのだが、このK70のパーツは何ひとつ他のフォルクスワーゲン車との互換性がなかったためコストがかさみ、気づいてみれば、価格が大半のライバル車よりも上がっていた。それゆえ期待していたほど売れず、同社は大損。1974年のゴルフ投入とともに生産を打ち切った。

　皮肉にも、ゴルフはハッチバック車として世界一の売上を記録。はからずも、水冷式のワーゲン車というアイデア自体は悪くなかったことを証明する結果になった。K70は少しだけ時代に先んじていたのだろう。あるいは、たんにクズ車だっただけかもしれないが。

　いずれにしろ、フォルクスワーゲン社は他のＮＵＳ車の改良を続け、併合したアウディの車種を増やしていく。現在ではアウディのほうがフォルクスワーゲンよりも世間的な評価が高いのも皮肉だ。

楽しく運転できる良質なクルマだったが、どう見ても採算割れ

スペック

最高時速：162 km/h
加速時間（0〜96 km/h）：15.6秒
エンジン：直列４気筒
排気量：1602 cc
総重量：1045 kg
燃費：9.9 km/L

←デザインは当時にしては洗練されていた。だがそのせいで生産コストがかさみ、利益を生むには至らず。

VW K70「ゴルフの意外な前任車」

この角度から見ると、70年代によく見かけたサルーン車と区別がつかない。

非共有パーツ

悪いクルマではなかったのだが、他のワーゲン車とパーツの互換性がなかったために生産コストがかさみ、採算のまるで取れないクルマに。

もともとはNSU車で、その痕跡はデザインの随所に見られる。中でもスキャロップド加工されたサイドとドリルド・スチールホイールにとりわけ顕著だ。

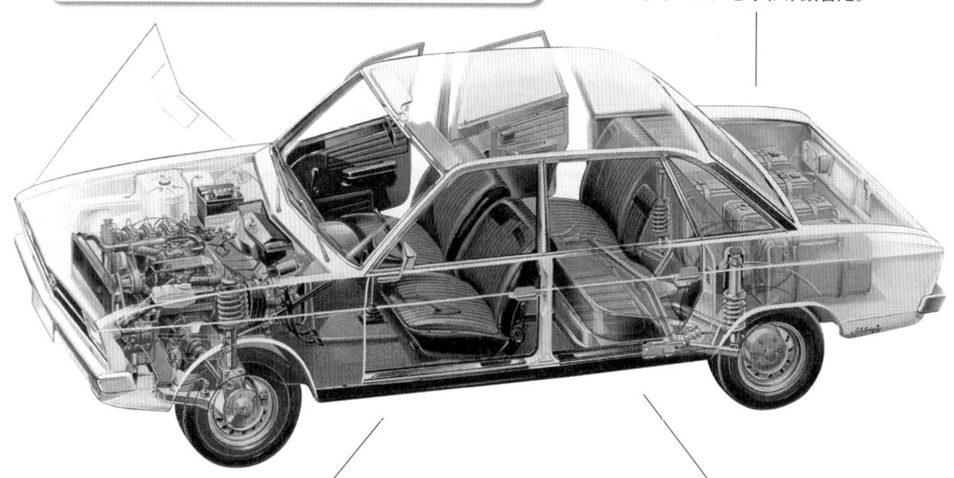

フォルクスワーゲン初の水冷エンジンだったため、完成度は低い。ゴルフに積まれて信頼に足ると評価されるのは、約4年後のこと。

クルマとしての性能はかなりのもの。乗り心地が非常に良く、当初、ハンドリングフィールと正確性はテストドライバーに賞賛された。

ユーゴ・サナ

YUGO SANA

ありきたりなフィアットのデザインの焼き直し車を格安で売っていた旧ユーゴスラビア（現セルビア・モンテネグロ）の自動車メーカーのユーゴ。そのユーゴが1989年、初めて独自のデザインで売り出したのが、これ。モダンな外観で走りもなかなか良かったが、作りが甘く細かな欠点が多かったため、購入者は買ってすぐに幻滅することに。開発を重ねていれば、まずまずの装備のお買い得なファミリーカーに変身できる可能性はあったと思うのだが、90年代前半に内戦が勃発。ユーゴのセルビア工場も爆撃で粉々になったうえ、保険会社に保険金の支払いを拒まれ、莫大な投資が一夜にして泡と消えた。以来、同車が完全復活を遂げることはなかった。

デザインの詰めが甘いため、みんな買った途端に幻滅した

悲嘆に暮れるユーゴを尻目に、シトロエン社はほっと胸をなで下ろしていたに違いない。サナはシトロエンのＺＸに気味が悪いほどそっくりで、しかもシトロエンの半分ほどの値段で買えたからだ。実は内戦後に一度、サナの生産が再開されたことがあったが、わずか数カ月でユーゴ社は再び倒産した。

CARS DESIGNED TO MAKE NEW ECONOMIC SENSE.
Go new, go Yugo.
YUGO 45
YUGO 413L
YUGO 513L
YUGO 311
YUGO 55

←それまでは45というチープなモデル（左上）が精一杯だったユーゴ社が、20年の歴史で初めて一から作り上げたクルマ。

スペック

最高時速：160 km/h
加速時間（0～96 km/h）：13.2秒
エンジン：直列4気筒
排気量：1372 cc
総重量：903 kg
燃費：12.4 km/L

1989～93年 ユーゴスラビア

サナ「内戦の被害者」

サナの復活

サナの復活計画が進んでいるようだが、今となっては見るからに古くさく、たとえ筋金入りの愛国者でも買いたいとは思わないのでは？

一応、実用的ではあった。5ドアのハッチバック・スタイルは、欧州のファミリーカーの基本だった。

デザインを手がけたのはイタルデザイン社。と聞けば、なるほどと思う向きも多いはず。同じくイタルデザインの手になるフィアット・ティーポとストラーダ／リトモとよく似ている。

もう少し細部に気を配ってさえいれば、もっと売れただろうに。キャビンの仕上げは粗悪もいいところで、プラスチック類の質も最低。

独自に開発したとはいえ、古いフィアット車を最大限に利用している。プラットフォームはレガータで、エンジン、ブレーキ、サスペンションはウーノのものをそっくりそのままコピー。

↑名前を変えて海外に売り飛ばされたクルマの多くは、国内でとっくに忘れ去られた後も、彼の地で生きながらえている。写真のイランのペイカンもその類。元はヒルマン・ハンターだ。

MISPLACED

名前を変えれば いいって ものじゃない

車名だけを変えて売りつける「バッジエンジニアリング」の起源は1950年代後半にさかのぼる。ブリティッシュ・モーター・コーポレーションがブランド力を利用してひと儲けをたくらみ、同じクルマの6つのモデルにそれぞれ違う名前をつけて売り出したのが始まりだ。それを他のメーカーが次々にまねしだし、あっという間に世界的な流行に。クライスラー、ダッジ、プリマス、シボレー、ポンティアック、ビュイックと、どれを選ぼうが基本的には同じクルマで、違うのはフロントのエンブレムだけ、という時期もあった。

本章に登場するクルマの中には、恥を知れと言いたくなるものもある。たとえば日産チェリーのグリルにあの「盾」を付けただけでアルファロメオを名乗る代物、フォードの象徴たる青い楕円形を冠する大衆車キア、さらには栄光のMGの名を付したおぞましいことこの上ないマエストロなど、いずれも醜悪の極みだ。他に多いのが、時代遅れになったモデルに新しい名前をつけてよその国に売りつけた例。絞りかすから最後の一滴まで絞り取ろうとするメーカーのあさましさの現れである。

MARQUES

アルファロメオ・アルナ
ALFA ROMEO ARNA

美麗なる名車の数々を世に送り出してきた栄光のアルファロメオ社だが、こんなクルマも作っている。おそらくは同社最大の汚点であり、人間は必死になると見境がなくなることを示す典型でもある。雨に一度降られただけでサビる、とこき下ろされたアルファスッドのせいで莫大な負債を負わされ、評判も地に落ちた同社による、まさに苦肉の策だった。

エンジンはスッドのボクサーで、ボディシェルは日産チェリー（パルサー）。信頼性の高さで知られる日本メーカーの威光を借りるつもりだったのだろうが、よりによってダサイと悪評のチェリーを選ぶとは。しかもエンジンと電気系統はアルファ製だったから、故障が相次ぐ始末。ニッサン・チェリー・ヨーロッパとしても販売されたが、結果は輪をかけて悪かった。

アルファロメオ社が見落としていた点は他にもある。日産車は耐久性の高さで評判だったが、作りの質が低いことでも知られていた。そのため必死の努力の甲斐なく、同社はアルファスッドの失敗の元凶であるサビ問題にまたも悩まされることに。スッドよりはましだったが、アルナもサビのせいで短命だった。

人間は必死になると見境がなくなることを示す典型

スペック

最高時速：158 km/h
加速時間（0～96 km/h）：13.1 秒
エンジン：水平対向４気筒
排 気 量：1350 cc
総 重 量：843 kg
燃　　費：11.3 km/L

↑この「盾」のおかげでアルファであることはすぐにわかるが、その下のグリルは日産の安っぽいプラスチック製。ちなみにチェリー・ヨーロッパには基本的に日産のマークがついていた。

アルナ「アルファロメオ最大の汚点」

アルファロメオ社が忘れたい1台。作りが悪く、信頼性が低いことに加え、それまでどんなにダメでも保持してきたアルファロメオ車としての魂がどこにも見えない。

日産と組んだのは、ひとつには70年代を通じてアルファロメオ社を悩ませたサビ問題の解消を狙ったから。ところがチェリーのボディはアルファ製よりも多少まし、といった程度で、特にドアやホイールアーチ周りが脆弱だった。

悪評判

アルファスッドで著しく失った信用を少しでも取り戻すクルマになるはずだったのだが。蓋を開けてみれば、同社の評判をさらに落とす結果に。

外観と同じく、キャビンも退屈。ダッシュボードはチェリーの標準タイプで、安っぽいプラスチック製。唯一の救いはアルファ製のスポーティーなタコメーター。

後ろから見た図。アルファのマークを目にしてオーナーがご満悦でいられたのは、ほんの数年だけだった。

AMCアライアンス／
AMC ALLIANCE／ENCORE

なんとも奇妙なスタイリング、情けなくなるほど低い信頼性、最低の作り、と三拍子揃ったペイサーおよびグレムリンのおかげで物笑いの種になっていたアメリカン・モーターズ・コーポレーション。その失地をなんとか回復すべく、同社は大株主のルノー社に斬新なデザインを出してくれとすがる。しぶしぶながら引き受けたルノー社の回答がこれで、ボディと駆動系はいかにもさえないルノー9と11モデルのもの。ウィスコンシン州でライセンス生産され、米の法律に則り、なんともみっともないバンパーが付けられた。

ただAMCは自信満々で、2ドアセダンとオープンを独自に開発・生産したのだが、いずれも売れなかった。作りが悪かったうえ、米国人の目には小さく、スピードが出なさ過ぎたのが敗因だった。

そこで投入されたのが、2ドア・コンバーチブルのターボモデル。暴れ馬と評判のルノー11のターボエンジンを、それだけの馬力に耐え得る剛性のないシェルに無理やり搭載。結果、速度にかかわらず震動やがたつきがひどく、コーナーを攻めるなどもってのほかだった。どれも退屈なクルマだが、この2ドアオープンのターボモデルだけには現在、稀少価値がついている。

米国人の目には小さく見えたし、スピードも遅すぎた

スペック

最高時速：153 km/h
加速時間（0〜96 km/h）：13.2秒
エンジン：直列4気筒
排気量：1397 cc
総重量：803 kg
燃費：12.0 km/L

←どうしてわざわざ赤字で「不可能！」と入れたのだろう。意味がさっぱりわからない。売上目標の達成が、ということ？

アンコール

1982～87年 アメリカ

アライアンス／アンコール「オープンモデルもあるグズ」

大きな声では言えないけれど、このコンバーチブルにはなぜか心惹かれるものがある。もっとも、トップを幌にしたからといって、クルマ自体が良くなったわけではないが。

自信過剰

AMCは成功に絶対の自信を持っていたのだろう。独自にデザインした2モデルを加えるという暴挙に出た。根拠のない自信が裏目に出たのは言うまでもない。

ヨーロッパの保守的なデザインは米市場に合わないと考え、クロム・ホイール・トリムやホワイトウォール・タイヤといった装飾をプラス。

ルノーの1.4Lと1.7Lエンジンは9と11に搭載された段階ですでに時代遅れで、パワーがなく、燃費が格別にいいわけでもなかった。エンジン音もうるさく、アメリカ人の心をとらえることはできず。

ルノー9のボディを元に2種類のオリジナルモデルを作ろうと考えたAMC。それが2ドアクーペとコンバーチブルで、ドアはルノー11のものを使用。Bピラーをなくしたぶんだけ、シルを強化した。

ヨーロッパでは、ルノー9と11はやや平凡ではあるものの、当たり障りのないクルマだった。そこにばかでかいバンパーと妙なライトをつけても、見かけが良くならないのは必然。

シボレー・シェベット

CHEVROLET CHEVETTE

70年代半ばのオイル危機で、軒並み傘下の欧州メーカーに助けを求めた米自動車メーカー。大手シボレーも例外ではなく、英ボクゾール社に頼り、シェベットをライセンス生産した。だが結果は失敗。英モデルも不細工だったが、シボレー社はそこにホワイトウォール・タイヤ、ウッドパネル、さらにシェビー・ベガのノーズを加えるという愚行を犯してしまった。

ＯＨＶ形式４気筒の小型エンジンは悪くないと思うのだが、いかんせん欠点が多すぎた。ボディはあっという間にサビつき、電気系統はすぐにいかれ、たいしてスピードを出していなくてもコーナーで制御を失いスピンするクルマが続出。事故で命を落とした者も多かった。

英ボクゾール・シェベットの最上級モデルＨＳＲは２.３Ｌの４気筒エンジンを積み、馬力に合わせてサスペンションもラリー仕様に強化されていた。シボレー社も指摘されていたパワー不足を解消すべく、米シェベットの最上級クラスにこれと同じエンジンを搭載したのだが、サスやステアリング性能はノーマルのままだったため、運転は背筋の凍る恐怖体験に。

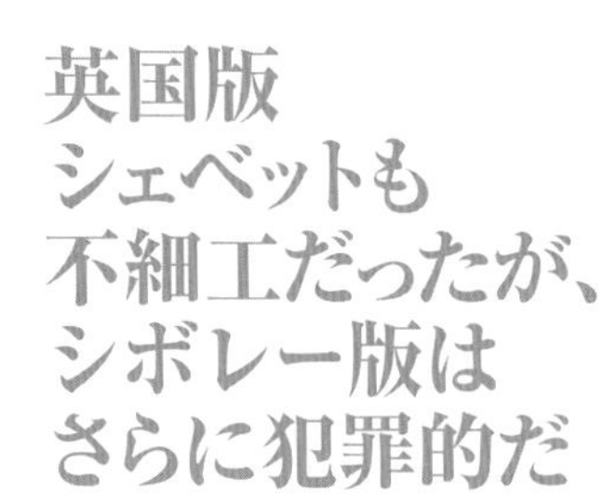

英国版
シェベットも
不細工だったが、
シボレー版は
さらに犯罪的だ

スペック

最高時速：144 km/h
加速時間（0～96 km/h）：16.3 秒
エンジン：直列４気筒
排 気 量：1398 cc
総 重 量：896 kg
燃　　費：10.9 km/L

←「幸せになるクルマ」と謳われているが、ここで言う「幸せ」とは、あまりの恐怖による「狂気」または「忘我」がもたらす恍惚感のことか？

シェベット「ダメ車をさらにダメにする方法」

英シェベットの最上級モデルはパフォーマンス、ハンドリングともなかなかのものだった。米モデルもそのスタイリングを一部まねたが、売れ行きまではまねできず。

内も外も悪趣味

見るからに不細工な外面だが、内装は輪をかけてひどい。ぺかぺかのプラスチックが張り巡らされ、色はベージュ、ブラック、もしくは身の毛もよだつほどおぞましい赤と、どれを選んでも大差なし。

後輪駆動でホイールベースが短いため、濡れた路面ではしきりに尻を振った。しかもリア・ライブアクスルの出来がひどかったため、いったんテールが流れると元に戻すのがひと苦労。

多くのモデルには偽ウッドパネルが付いていた。高級ステーションワゴンを思わせるデザインだとシボレー社は吹聴していたが、実際にはばかげたクルマをなおさらバカバカしくしただけ。

外観がばかでかく、中も広々が当時のアメリカ人の好み。このクルマ、一応は５人乗りだが、後部座席が狭すぎて実質２人しか座れなかった。

英モデルと区別するため、米版はノーズをシェビー・ノバのフロントに変更。おかげでオリジナルのすっきり感が損なわれることに。クロムも余計で、せっかくのコンパクトな印象が台無しだ。

クライスラー・アベンジャー
CHRYSLER AVENGER

もともとはヒルマン・ブランドで、刺激的とは言えないが、悪くないファミリーカーだった。作りの質が高く、パフォーマンスもまずまずで、見かけも「ホッケースティック」テールランプや、美しく流れるＤピラーが目を引いた……のだが、クライスラーのせいでおぞましい代物に。

ヒルマンのエンブレムが消え、ノーズとリアを変更。過剰なクロム、みっともない横長のテールランプ、目にうるさいペンタスターのロゴマーク。安い鋼材を使われたせいでサビにめっきり弱くなったうえ、内装も悪趣味なものに模様替え。シートは派手な横縞のナイロンで、ダッシュボードは黒い塩化ビニルで被われた。

首を傾げざるを得ない点は他にもある。ヒルマン・モデルからそうなのだが、ドアハンドルがメッキを施した合金で、ひと冬越すだけでメッキがはがれ、握るところを間違えると手を切ることも。冬を３、４回も経験すると、金属が完全にだめになり、もげ落ちてしまうという体たらく。

内装は一段と悪趣味になり、シートは派手な横縞のナイロン製に

スペック

最高時速：134 km/h
加速時間（0〜96 km/h）：19.8 秒
エンジン：直列４気筒
排 気 量：1295 cc
総 重 量：850 kg
燃　　費：11.3 km/L

↑このシートをご覧あれ。ヒルマン・モデルよりも上などと、よくも言えたものだ。どう見ても、改良どころか改悪。

アベンジャー
「運転者にも同乗者にも優しくないクルマ」

前から見るとまずまずの外観だが、作りは最低で、サビにめっぽう弱かった。

終焉

アベンジャーの売上低迷もあり、クライスラー・ヨーロッパはプジョーに売却。今度はタルボットの名を付されたが、2年足らずで生産中止に。

オリジナルはかなりスタイリッシュで、トレードマークの「ホッケースティック」テールランプはかわいらしかった。だがクライスラーはこれをいかにもアメリカ的な趣味の悪い横長に変更。見かけがおぞましいばかりか、ボディから張り出ていたため、駐車の際にぶつけてよく割れるのも困りものだった。

駆動系はいじられなかったため、中身は丈夫で、特に大きな問題もないままよく走った。外がサビにむしばまれるまでは、の話だが。

シートは悪趣味の極み。もともとのキャビンはスポーティーでよかったのに、シートをわざわざオレンジと茶色などの横縞にするセンスは理解不能。ダメ押しは、安物感たっぷりのプラスチック製ステアリング・ホイール。

とにかくサビに弱かった。前身のヒルマン・モデルに老化の兆しが見えるはるか前から、シル、フロント・パネル、ウィング、ドアボトムなどがサビの餌食に。

クライスラー・TCマセラティ
CHRYSLER TC MASERATI

　クライスラー社はル・バロンのオープンモデルに自信があった。スタイリッシュで、作りの質も高く、実際、ショールームでの人気も高かった。だが華やかなクルマ作りに自信のなかった同社は、美しいデザインの都イタリアのセンスを借りることにする。その恩恵に与ることになったのが、財政難に苦しんでいたマセラティ。優れたエンジンと魅力的なスタイリングのクルマ作りで定評のある名スポーツカー・メーカーである。

　ただし悲しいかな、当時のマセラティは不毛の時期で、クルマの品質もひどいものだった。ＴＣのシリンダーヘッドを製造してほしいとのクライスラーからの依頼は命綱を投げられたに等しく、マセラティはこれに飛びつき、コスワースで鋳造されたものを短期間で大量に仕上げて米国に送った。だがそれから数カ月後、そのほぼすべてに致命的な欠陥があることが判明、ＴＣの評判は端から最悪に。詰まるところ、何から何まで悲惨な提携だった。

製造されたクルマのほとんどにメカニックな欠陥があった

　それでもこのクルマ、見かけは良かった。マセラティ社の上層部を満足させるべく、クライスラーはデザインをイタリアのピニンファリーナ社に依頼している。ちなみに同社はキャデラック・アランテも手がけており、両車は驚くほど似ている。

スペック

最高時速：210 km/h
加速時間（0~96 km/h）：8.8秒
エンジン：直列4気筒
排気量：2211 cc
総重量：1364 kg
燃費：7.8 km/L

←クライスラーによれば、ＴＣは信頼性とパワー、パフォーマンスに長けたクルマだった。本当に？

1988～91年 アメリカ

TC・マセラティ「クライスラーの根拠なき自信作」

ルーフを下ろすと悪くないが、上げると途端に醜くなる。

V8の成功

後期モデルには、マセラティ／コスワース・エンジンに変わって米国製のV８を搭載。こちらのほうが、はるかにいいクルマだった。

計器類もひどい出来で、油圧計や燃料計の誤作動は日常だった。

キャデラック・アランテにそっくりなのは、同じデザイン会社が手がけたのだから、当然。問題はキャデラックのほうがはるかにいい出来なのに、TCより安く買えたこと。

たとえエンジンに問題がなかったとしても、運転して楽しいクルマとは言えなかったはず。シャーシはサスがふわふわで、真っ直ぐ走るぶんにはいいが、コーナーには向いていなかったから。

マセラティ提供のV６は吹き上がりがスムーズでパワーがあり、音も素晴らしかったのだが、オイルシールがいかれ、オーバーヒートを起こしてシリンダーヘッドが歪むなどの問題が続出。

ダチア・デニム

DACIA DENEM

ルーマニアの自動車メーカー、ダチア。長年ライセンス生産をしていたのがルノー12で、時代遅れの古くさいクルマだが、安くて丈夫でメンテナンスも簡単と、専制下の貧しい共産国市場には理想的だったことから順番待ちをしなければ手に入らないほどの人気ぶりだった。ところが何を思ったのか、ダチアはこれが西側でも売れると考え、1983年にデニムとして輸出を図る。ターゲットは英国市場で、サルーンとステーションワゴンの2種類をモーターフェアに送り込んだ。だが元のルノー12はその7年も前に英国市場から姿を消していた、有名なポンコツ車。いくら名前を変えようが、消費者がだまされるはずもなかった。

ちなみにこの車名、噂では高級感を漂わせるのが狙いだったとか（ルーマニアではダチア1300として売られていた）。当時の東欧ではリーヴァイスやラングラーといったブランドは高値、もとい高嶺の花だったから、西側諸国では普段着のジーンズ（デニム）も、専制にあえぐルーマニア人の目にはファッショナブルに映ったらしい。

いくら名前を変えても消費者はだまされなかった

DACIA,
A NEW NAME IN
POPULAR
CARS
RTF 612Y
RTF 611Y
The Denem range.
The 6 passenger saloons and estates at prices to suit people like you...
... AT YOUR DEALER NOW
Check out the specification – you will be surprised just how much family motoring convenience is built into your DACIA Denem, then check out the prices, which start from as little as £3,190
call
0264 64177 now
Please send me your Denem colour brochure, prices and dealer list
Name
Address
The Dacia Car Company Limited Dacia House North Way Walworth Andover Hampshire SP10 5AZ
DACiA — makes choosing easier!

←「もう迷わない」と謳われているが、たいして種類がないのだから、迷いようもない。

スペック

- **最高時速**：143 km/h
- **加速時間**（0～96 km/h）：16.5秒
- **エンジン**：直列4気筒
- **排気量**：1289 cc
- **総重量**：873 kg
- **燃費**：9.9 km/L

デニム「西に送られた共産主義者」

サルーンに加えてステーションワゴンもあり、なかなか使い勝手が良かった。ピックアップもあり、こちらはかなり無骨な作りだったが、商人や職人にいちばん人気だった。

西へ

このクルマでなんとか西側市場に食い込もうとしたダチアだったが、もろくも撃沈。西の人々の目は彼らの予想をはるかに越えて肥えていた。

エンジンはルノーの1.4Ｌプッシュロッド。とにかく丈夫で、かなりの走行距離まで保った。やかましい排気音と、タペットのカタカタ音がもれなく付いてきたが。

贅沢や豪華といった言葉とは無縁。最上級モデルには布製のシートインサートや温度計がついていたが、標準モデルは基本的にスピードメーターと燃料計だけで、飾りらしい飾りは摩耗に強いプラスチック製トリムのみ。

スタイリングはルノー12も十二分にさえなかったが、デニムはさらにひどい。みっともないプラスチック製のノーズコーンに、「スポーティー」さを出そうとしたと思われる丸目４灯のヘッドライトの組み合わせがさえない。

速く走るためのクルマではない。シャーシはあくまで悪路に耐えられればいいという作りで、カーブに少しでも速く突っ込もうなら、前輪があっさりとグリップを失った。

大宇レーサー／ネクシア
DAEWOO RACER／NEXIA

80年代後半から90年代前半に台頭した韓国の自動車メーカーの1社大宇。強大な複合企業で、船舶からトースターまで何でも作るが、花よりも団子的な製品が多い。そのご多分に漏れず、レーサー／ネクシアも（市場によって名前が違った）とりあえず走ればいいだろう、といったクルマ。製造コストを抑えるため、ベースは80年代半ばのボクゾール・アストラ／オペル・カデットで、ノーズを変えてはいるが、出自は隠しようもない。

アストラはデビュー時こそいいクルマだったが、レーサー／ネクシアが登場した1995年にはすでに時代遅れだったことは否めない。ヨーロッパ市場ではディーラーを通さず、じかに顧客に売ろうと試みたが、成果は思ったほど上がらず。つまり、多くが出荷されず、空港脇の車庫に長らく置かれたままで、最終的にスペア部品用に解体されるというさえない最期を迎えることになった。

それでも大宇はレーサー／ネクシアをあきらめず、「希望」を意味するフランス語の「espere」をもじったエスペロ（Espero）として発売。その名前どおりかなり期待をかけていた大宇社だったが、外面をいくら装っても、中身が1988年に欧州市場から消えた古くさいオペル・アスコナ／ボクゾール・キャバリエでは、どうしようもない。結局、エスペロも1998年に生産を打ち切られ、希望は泡と消えた。

かなりの数が野ざらしのまま売れ残り、やむなく解体して部品だけ取り出した

←大宇の名はヨーロッパ市場であまりにぱっとしなかったため、2004年にシボレー・ブランドに変更。

スペック

最高時速：162 km/h
加速時間（0～96 km/h）：11.4秒
エンジン：直列4気筒
排気量：1498 cc
総重量：970 kg
燃費：13.8 km/L

1995~98年 韓国

レーサー／ネクシア「ついえた希望」

時代遅れもはなはだしい

ベースがボクゾール・アストラでは、魅力に乏しいのも致し方ない。アストラもデビュー時は良かったが、レーサー／ネクシアの発売時にはすでに古めかしかった。

3ドア・モデルはとりわけアストラにそっくり。リアパネルとガラスはそっくりそのまま。

内装もシートからダッシュボード、スイッチ類に至るまで、古くさい80年代スタイル。

プラスチック製のグリルに横長のダサイ「大宇」のマークをつけてごまかそうとしたのだろう。後期のマイナーチェンジで顔がさらに角張り、収まりも仕上がりも悪くなった。

1.5Lのエンジンはアストラのものではないが、GM傘下のオーストラリアのメーカー、ホールデンのクルマに使われていた。つまりこれもGMの使い回し。

ボグゾール・アストラの姿が面影どころか丸見え。ドア、ガラス、リア・クォーターパネルと、10年も前に登場したクルマとまるで同じ。しかも全体の印象はアストラのほうがはるかにいいのだから、救いようがない。

フォード・アスパイア
FORD ASPIRE

1995年に登場したバジェット・コンパクトカー。いったいどこの誰がこれを買いたいとあこがれ（アスパイア）を抱くのかと不思議でならない。業界史上、一、二を争う名前負けのクルマだ。見かけはずんぐりしてみっともないし、作りの質もはなはだ低く、キャビンは安物のプラスチック製。ところが韓国メーカーの起亜と共同生産のこのクルマ、発展途上国ではアベラの名で販売され、驚くほどの成功を収めた。

ただ、米国では奮わなかったが、それもそのはず。ひどいアンダーステア、いらつくほど入りづらいギア、スポンジ並みにふわふわのブレーキ、最悪のドライビング・ポジションと悪いところだらけで、さらには誤った警告灯がしょっちゅう出るうえ、90年代のクルマのくせにサビにもめっぽう弱かったからだ。たしかに値段は安かったが、それだけのクルマでしかなかった。

生産中止の直前、在庫の処分に困り果てたフォードは、その大半をレンタカー会社に譲ることを決める。ただし、不要になっても一度に返さないこと、との条件を付けた。中古車市場にあふれかえっていて、どうしようもない状態だったからだ。

“憧れ”という名も消費者をだませなかった

スペック

最高時速	171 km/h
加速時間（0～96km/h）	11.9秒
エンジン	直列4気筒
排気量	1498cc
総重量	913kg
燃費	12.0km/L

←生産を担ったのは韓国の起亜。純粋なフォード製はホイールトリムだけ？

アスパイア「大志（アスパイア）のかけらもない」

いちばんベーシックな３ドア・モデル。移動手段と割り切ればバスよりはいいだろうが、時間があるなら歩くほうがまし。

捨てるのにも困る

在庫を持て余したフォードは、レンタカー会社に実質、無料で譲ることに。中古車市場のだぶつきを多少でも和らげるための苦肉の策だった。

完全なるフォード車ではなく、市場によっては起亜やマツダの名で売られた。エイヴィス・レンタカーから大口注文が入ったおかげで、1997年にマルタでは新車売上の１位に！

ブレーキランプ自体はなかなかの高品質だったが、デザインが悪く、レンズの内側に水が入り込み、それが垂れてトランクリッドのサビの原因に。

（マニュアルの）ギアチェンジをするたびに、がっかりさせられるクルマはそうそうない。シフトノブがスポンジにでもささっているかと思うほどふわふわで、変えるたびにいちいち前後左右に動かして入れる位置を確かめないとならなかった。

シャーシもぱっとせず。たいして速度を出さなくてもアンダーステアが激しく、乗り心地も最低。ステアリング性能もひどいものだった。

FSO 125P

FSO 125P

ポーランド製のクルマだが、元はフィアットの名を冠し、ワルシャワでライセンス生産されていた。ボディに1965年製のフィアット125が使われていたからだが、作りの質があまりに低かったため、80年代半ば、イメージダウンを恐れたフィアット社が名前を外すよう要請し、FSO125Pとなった。

フィアット125はデビュー当時の評価が高いクルマだったのに、このFSO版は何がいけなかったのだろう？　最大の原因は古くささで、ベースのフィアット125はその20年ほど前のクルマで、しかもFSO版にするにあたって改良もしていないに等しかった。とはいえ、値段を考えれば致し方ないところもある。出回ったどの市場でも、FSOは最安値のクルマだったのだから。おまけに、信頼性がびっくりするくらい低いのも問題だった。安物のキャブレターのせいで燃料にしょっちゅう金属片が混じり込んだし、リアスプリングはさしたる理由もないのにたびたびいかれ、ボディとシャーシはうち捨てられた難破船よりもサビがひどかった。

フィアット時代はイタリア車らしいフィーリングをステアリング・ホイール越しに味わえ、コーナーでのバランスもいい、運転が楽しいクルマだった。ところがFSO社はそこにやけに頑丈なサスペンション、目を覆わんばかりにひどい質のタイヤ、最低のトランスミッションをわざわざ搭載。カーブではひどく傾くし、エンジン音もやけにうるさく、きしみもひどいと、運転して楽しかったクルマは荷物を積みすぎたトラックと変わらぬ1台に変わってしまった。

イメージダウンを恐れたフィアットは、このクルマから自社の名を消した

スペック

最高時速	145 km/h
加速時間 (0～96 km/h)	14.4 秒
エンジン	直列4気筒
排気量	1481 cc
総重量	1028 kg
燃費	9.9 km/L

←しいて言えば、中では安くて荷物スペースの広いステーションワゴンが使い勝手がいい。ただ、他の点は4ドアモデルと同じくらいひどいものだったが。

FSO 125P「市場一安いモデル」

幅広い層を惹きつけるべく、ステーションワゴンも作られた。荷物スペースが広いのは取り柄だが、頑丈なだけのリアサスのせいで、乗り心地はさらに悪かった。

サビの王様

なかなかのモデルを怪物クラスのダメ車に変えてしまったFSO社。なぜそんなことができたのか、凡人には理解できない。壊れるし、サビるし、乗り心地はトラックだし、部品はぽろぽろ外れるし……。

くたびれた125Pのトランクに重い荷物を積むと、トランクの底が抜けることも。

元はイタリア製のフィアットだけに、横から見た姿は悪くない。ただし中身が悪すぎた。ただでさえサビ問題で評判を下げていたフィアット社は、さらなる信頼低下を恐れて同車から自社の名前を抜いた。

後輪が半分ほどホイールアーチに隠れているのは、リア・スプリングハンガーがなくなり、リアアクスルの上側のフロアがサビ付いて、リアアクスルがボディの中に沈みはじめている証拠。末期症状。

目指したのは、家庭で楽々メンテナンスできるクルマ。それにはしかるべき理由がある。粗雑に作られたエンジンは燃料供給の問題やクーラント液の漏れなどで、しょっちゅういかれたから。

ヒンドゥースタン
HINDUSTAN AMBASSADOR

写真をご覧いただきたい。今も新車として売られているとは信じがたいだろうが、事実このクルマ、通称「アンビー」はいまだインドで高い人気を誇っている。

1954年型モーリス・オックスフォードがベース、というよりまさに丸写し。54年といえば半世紀も前なのだから、さすがに何かしら改良はしていると思うだろうが、安全規制に満たない小さなバンパーや排ガス規制で義務づけられている触媒コンバーターの不在をはじめ、鉛のように重たいステアリング・ホイールから「急制動」など聞いたこともないと言わんばかりのブレーキまで、ほぼ当時のまま。こんなクルマが堂々と、しかも大量に走っているのだから、インドが交通事故死大国であるのもうなずける。なのに今もよく売れているうえ、やたらと鈍いディーゼル・モデルまであるのだから、もはや驚くしかない。

実際、ヒンドゥースタン社は何度も生産中止を考えた。仕上げが手作業のため非効率的でコストがかかるうえ、作りが明らかに時代遅れで、安全性や排ガスの規制が変わるたびに改良する手間がかかるからだ。だが生活の必需品と言えるほど人気のクルマを新車市場から消してしまったら、膨大な数を誇る国民の信頼を一気に失うとの理由から、いまだ生産を続けている次第。

スペック

最高時速：140 km/h
加速時間（0～96 km/h）：不明
エンジン：直列4気筒
排気量：1818 cc
総重量：1156 kg
燃費：9.9 km/L

こんなクルマが走っているから、インドは交通事故死大国なのだ

←これはディーゼル版で、インドでいちばん人気のモデル。史上稀に見るほど遅いのだが。

アンバサダー

1966~2014年 インド

アンバサダー「インドの大翁」

いまだよく売れ続けているのだから驚き。タクシー業界から自家用車市場まで「アンビー」の独占状態。

古参者

まさしく不死車。もう50歳を越え、メーカーも死なせようと何度も試みたが、インド国民がそれを許さないのだ。

エンジンはモーリス製からインド製、その後日本製に。最新モデルは三菱製か元プジョー製ディーゼル。

キャビンはクラシックとモダンのごたまぜ。古くさいモーリス・オックスフォードのごちゃごちゃ感が残る一方、シートの生地とダッシュボードのつまみ類はモダン。

重要なブレーキにまるで手を加えず、50年前と同じというのがまず信じられない。混沌で知られるインドの道路をこいつで走ることを考えると、背筋が寒くなる。

スタイルは古風そのもの。1954年にモーリス・オックスフォードとして生まれて以来、50年以上たった今もその姿を留めている。最近のマイナーチェンジで、フロントは新しいミニの顔になったが。

ハンバー・セプター
HUMBER SCEPTRE

1967年以降のセプターを見れば、米国の巨人クライスラー社が1964年に買収したルーツ・グループの良さをまるで理解していなかったことがはっきりとわかる。それまでのハンバーはいわゆる高級車で、ジャガーやローバーと同じく大衆の憧れ。1964年から67年に作られたセプターには、繊細なスタイリング、美しい内装、高い信頼性と、ハンバー・ファンが愛して止まない要素がすべて詰まっていた。ところがセンスのかけらもないクライスラーは、いかにも米国的なバッジエンジニアリングの道を選択。ヒルマン・ハンターを大きすぎるグリルで飾り、派手なクロムトリムを施し、ダッシュボードに偽ウッドを貼りつけ、ルーフを最低最悪のビニルに。栄光の英国ブランド、ハンバーが死んだ瞬間だった。

売上を多少でも伸ばそうと（あるいは旧セプター・ファンをさらに遠ざけようとしたのか）クライスラーはステーションワゴン・モデルを追加。何のこだわりかは知らないが、Bピラーとウィンドウ周りをビニルで覆った。言うまでもなく、ほとんど売れなかった。

スペック

最高時速：163km/h
加速時間（0~96km/h）：13.6秒
エンジン：直列4気筒
排気量：1725cc
総重量：983kg
燃費：9.9km/L

元は悪くないのに、こちらは悲しいくらい自虐的

↑外観はハンターだが、内装はダッシュボードの偽ウッドパネル、計器類を囲むクロムトリム、偽レザーシート……高級感を出そうとしたらしいが、とんちんかんもいいところ。

セプター「子羊の皮を被った羊」

ステーションワゴンは、便利ではある。けれど純粋なるハンバー愛好者には、ステーションワゴン・モデルがあるという事実が許せなかった。

作りは70年代のクルマにしては良かったが、いったんサビにやられると、どうしようもなかった。まず標的にされたのがフロントウィングで、サビが進みすぎるとフロントパネルから外れて落ちることも。

センス皆無の装飾

優れたエンジンに非の打ち所のない伝統を兼ね備えたセプター。名車になる可能性はあったのに、クライスラーの悪趣味な装飾のおかげですべてが台無しに。

内装は悪趣味もいいところで、真の高級車からほど遠かった。

救いはエンジン。1.7Lと小型ながらなかなかの馬力で、パフォーマンス重視のドライバーに人気があった。つまり、多くのセプターがカスタム化の犠牲に。

旧セプターは剛健な作りと安定した走りに定評があっただけに、この新型に変えた信奉者のショックは大きかった。シャーシは安定性に劣るうえ軽くなったため、オーバーステアがひどかった。

起亜プライド

KIA PRIDE

これも名前負けの1台。80年代のマツダ121にホワイトウォール・タイヤとキャンバストップを付けただけのクルマに乗ることを、「プライド」に思う欧米人はまずいなかっただろうに。チープな小型車で、内装にはぺかぺかしたプラスチックをふんだんに使用。エンジンも60年代後半のものと大差ない1.3Lの粗悪なものだった。起亜はこれを普通の人のための普通のクルマ、として売り出したのだが、1992年から95年の最終モデルまでオプションであったメタリックピンク色は、普通の人はまず選ばないだろう。それでも、欠点だらけにもかかわらず驚くほど売れ、これをきっかけに起亜は世界市場でその名を確立した。

時代遅れで作りは悪く、運転していても楽しくない

「プライド」に文字どおり誇りを持っていた方にはうれしいことに、このクルマ、まだ死んでいない。時代遅れで作りが悪く、運転してもちっとも楽しくないが、生産コストが低くて済むことから、インド市場で復活。競争の厳しい同国の小型化市場で、マルチ・ゼンやタタ・インディカといったライバル駄車と熾烈な戦いを繰り広げている。

スペック

最高時速：148 km/h
加速時間（0～96 km/h）：12.8秒
エンジン：直列4気筒
排気量：1324 cc
総重量：803 kg
燃費：14.9 km/L

←パンフレットにあえて半分しか載せなかったのは、全部出すと、客が逃げると思ったから？

プライド「オイルサーディンの缶か」

5ドアが一般的だが、3ドアもあり。これは特別モデルの「メロディ」。

プライドのライバル

フォード・アイコンもライバルの1台。こちらも新世代のマツダ121を適当に作り替えただけのもの。クルマの世界は面白い。

内装はマツダ121と基本的に同じだが、起亜はパネルのプラスチックの素材を変え、色をさらに薄くしたため、チープ感が倍増。値段どおりの安物感を味わえる。

1988年製のマツダ121と並べると、まず区別がつかない。口の悪い批評家は、オプションのキャンバストップをオイルサーディンの缶にたとえてバカにした。

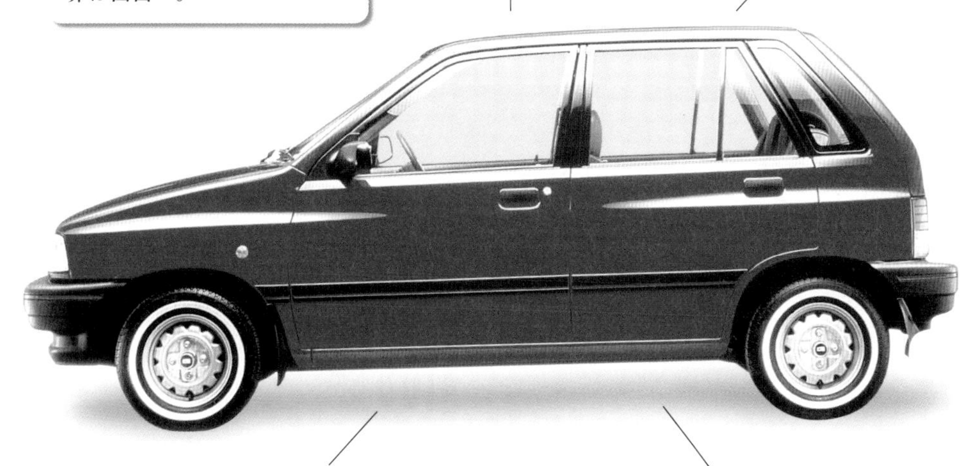

エンジンは1.3Lの1種類のみ。丈夫で、レスポンスは悪くなかったが、エンジン音がうるさすぎるのが難点。耳が遠くなるのでは、との不安から運転したくなくなるほど。

プライド発売時、韓国の自動車市場はまだまだ幼く、消費者は高級の意味を取り違えていたのだろう。古めかしいホワイトウォール・タイヤが標準装備のクルマはじつに20年ぶりだった。

ラーダ・リーバ
LADA RIVA

これほど醜いクルマも珍しいし、これほど根強いカルト的人気を集めているクルマも珍しい。旧ソ連時代の大衆車で、西側諸国ではバジェットカーとして売られ、なぜか忠実なリピーターを獲得した。乗り心地は不愉快極まりなく、オーバーヘッド・カム・エンジンは根性なしで、ハンドリングは恐怖のひとことに尽きるのだが。60年代のフィアット124をベースに、ロシアの過酷な冬を生き延びられるようにと、安いリサイクル鋼材とできの悪い4速トランスミッションで作り上げた1台で、ステアリングがやたらと重く、なにかというと尻を振る厄介なクルマなのだが、値段の安さとエンジン類の構造がシンプルなところが受け、熱心なファンがついた。今でも欧州にはオーナーズ・クラブが存在する。

ロシアではいまだ現役で、登場以来、同国の自動車市場で売上トップ3を外れたことがない。購入希望者が後を絶たず、予約待ちの状態が続いている。つまり地元ではまだしばらく生き続けるということ。ちなみに90年代、ヨーロッパ各国で次々と廃車にされはじめた頃、ロシアの船乗りたちはそれらをスクラップ置き場から買い取り、自国に持ち帰って売りさばいていた。

スペック

最高時速：140 km/h
加速時間（0〜96 km/h）：16.1秒
エンジン：直列4気筒
排 気 量：1452 cc
総 重 量：982 kg
燃　　費：9.9 km/L

ハンドリングは恐怖のひと言に尽きる

↑安くて丈夫だから、ラリーカーとしてはかなり優秀だった。

リーバ「前代未聞のひどさ」

ブルジョワ用のリーバ？誰がこんなストレッチを作ったのかは知らないが、できれば皮肉やしゃれであってほしい。

薄っぺらのガタガタ

人気は高いが、正直、最悪のクルマとしか言いようがない。サビのひどさは70年代から他の追随を許さないし、強風で吹き飛ばされるのでは、と不安になるほどもろい感じがする。

さすがに90年代にもなると、サビに弱いクルマはあまり見かけなくなったが、リーバは例外。ウィング、シル、トランクリッドがとりわけ餌食に。浜辺に捨てられたブリキ缶並みの勢いでサビついた。さらにプラスチックのトリムもしょっちゅうはがれ落ちた。

なんと、エンジンはリーバ用に開発したもの。さらに驚くことに、当時にしては進んだオーバーヘッド・カムだった。開発が不充分で、速度は出ないし、燃費も悪かったが、信じられないほど丈夫で、まず壊れなかった。

カーブに突っ込んで思いきりステアリングを切ると、見事、前の片輪が宙に浮く。ただしグリップも完全に失うから、周囲に障害物がないところですること。

欧州では規制の変更で、1993年以降のクルマには触媒コンバーターの搭載が義務づけられている。ラーダ社もなんとかそれを遵守したのだが、このリーバ、たとえコンバーターをつけたとしても、スクラップ置き場行きは免れなかった。修理代が元の値段よりも高かったから。

ロンズデール・サテライト

LONSDALE SATELLITE

ロンズデールは三菱がオーストラリアで製造したギャランをイギリスで販売するために作ったブランド。ただ出来があまりにひどく、目論見は失敗に終わった。１９８０年製ギャランがベースで、値段はまずまず、標準装備が豊富なうえ、大家族が長時間ゆったりと乗れる広さもあった。ただし、長所はそれだけ。

いったん故障すると、部品が届くまで何カ月も待たされた

防サビ対策の欠如や最低のハンドリングなど短所は数あれど、中でも最悪だったのがエンジンだ。独自に開発された２.６Ｌのエンジンは４気筒には大きすぎ、トルクはかなりのものだったが、それがパフォーマンスにつながらなかった。さらに、信頼性に著しく劣るのも問題だった。いったん動かなくなると（故障は必至だった）、本国から部品が届くのを延々と待たなければならなかったから。

部品がようやく届く頃には、待たされ続けたオーナーが新しいクルマに買い換えているか、シルやホイールアーチにたまった水のせいで穴が開くほどサビついているかのいずれかだった。

いずれにしても、今ではほとんど見かけない。海外へ打って出ようとした気概は買うが、メーカー的にはなかったことにしたいクルマに違いない。

スペック

最高時速：169 km/h
加速時間（0～96 km/h）：13.2秒
エンジン：直列４気筒
排 気 量：2555 cc
総 重 量：1214 kg
燃　　費：8.7 km/L

1·6 2·0 2·6
LONSDALE
ESTATE
LONSDALE 2·6
LONSDALE

←モデルは４ドアとステーションワゴンの２種で、人気だったのは後者。もっとも、売上の数字を見ると、「人気」と言うのもはばかられるが。

サテライト「なかったことにしたいクルマ」

当時の車のご多分に漏れず、サビに弱かった。特にフロントとリアのホイールアーチ、シル、インナーウィングはあっという間にサビの餌食に。

ステーションワゴン・モデルは荷物スペースが広くて居住性も高く、少なくとも実用性はあった。ただし、実用的だからいいクルマとは言えない。

エンジンは4気筒にしてはやけに大きく、それもあって故障が多かった。パフォーマンスも素晴らしいとは言えず、燃費は目を疑うほど悪かった。

スタイリングもいまいち。ベースは80年製三菱ギャラン。車名を除くと、両者の違いはテールランプ・クラスターのみ。

マヒンドラ・インディアン・チーフ

MAHINDRA INDIAN CHIEF

地元インドではユーティリティー・カーで売っていたマヒンドラだが、90年代前半、欧米で拡大する４×４市場に割って入るべく送り込んだのがこのクルマ。もう少しまともな計画のもとに作られていれば、大成功する可能性はあったのだが、目論見は失敗に終わった。アイデア自体は良かった。原型は米国で伝説的な人気を誇るジープＣＪで、もともとはインド陸軍用にライセンス生産されていた。このマヒンドラ、クロムのアロイホイールなど一見するといい感じだが、運転席に座って間もなく、ボロが顔を出した。

キャビンの諸々はすぐに壊れるし、プジョーのバンに使われていた2.1Ｌのディーゼル・エンジンは最速でも110km/hちょっと。おまけにステアリングが最悪で、作りも最低。英国の輸入業者が、解体して作り直さないかぎり売り物にならないと嘆いたとか。

それでも見かけの良さから当初は売れたが、すぐに正体がばれたため、欧米での人気は長続きしなかった。

ただ、地元ではいまだに人気を博している。なぜこうも愛されるのか、欧米人にはさっぱり理解できない。しかもステータスシンボル的な扱いを受けているというから、謎は深まるばかりだ。

スペック

最高時速：110 km/h
加速時間(0〜96 km/h)：33.9秒
エンジン：直列４気筒ディーゼル
排 気 量：2112 cc
総 重 量：1328 kg
燃　　費：10.6 km/L

見た目はいいが、運転席に座った瞬間にボロが出る

←マヒンドラといえば、値段がとことん安いが品質もとことん悪いユーティリティー・カーの代名詞。

チーフ

1993~95年 インド

マヒンドラ・インディアン・チーフ
「マハラジャには不向き」

全オプションの搭載例。いい趣味、でしょ?

謎の人気

同じく最低なヒンドゥースタン・アンバサダーと並び、インディアン・チーフもなぜか自国でいまだ売れている。欧米ではまるでだめだったのだが。

ロードテスト・ドライバーがステアリングに重大な問題があると指摘。正確性が皆無で、やたらと重く、必要以上に左右に思いきり切らないとならない、とダメ出しの嵐。

エンジンはプジョーの商用車の2.1L/ディーゼル。丈夫で長持ちとの評判だったが、うるさいし、臭いし、嫌になるほど遅かった。

丈夫さが売りで、エンジン類は確かに長持ちしたが、作りや装備は話が別。ライトカバーやドアヒンジが取れやすく、内装のパネルやスイッチ類もすぐに外れて落ちた。

リーフスプリングとリア・ライブアクスルの出来が悪く、そのせいでハンドリング性能は最低。ショック吸収力もないに等しく、乗り心地も最悪。路面のでこぼこがいちいち背骨を直撃。

MGマエストロ

MG MAESTRO

1981年、最後のMGBが工場を後にした際、これでMGの名は死に絶えたとファンは思い、ビールを涙で薄めたことだろう。だが2年後の1983年、オースチン・ローバー社がマエストロのホットハッチ・モデルにその名を冠すると知った時は、泣くどころか、死にたいと思ったに違いない。オースチン・ローバーが狙ったのは、フォルクスワーゲン・ゴルフGTIの英国版。だが結果はやけに車高が高く不格好で、エンジンも洗練さに欠け、パフォーマンス性もゼロに等しいクルマだった。

通常のマエストロとの違いは、赤いシートベルトと「チーズおろし器」様のアロイホイールで一目瞭然。一方、いらいらすることこの上ないボイスアラームと、リア・ホイールアーチ周りをはじめとするサビは受け継いだ。

オリジナルは1.6Lエンジンだが、1985年に2.0EFIにぐんとパワーアップ。ただ、それでも出来の悪さは変わらなかった。1989年のターボモデルはかなり速く、運転して楽しい1台だったが、ブレーキを踏むと前輪がロックしてテールを激しく振るという難癖の持ち主。路面が濡れていたり油でぬめっていたりすると、当然、とんでもない事故につながる危険があった。

サビにめっぽう弱かったため、現存するクルマはかなり少ない。コレクター市場で人気があるとは言えないが、数は少ないものの熱烈なファンがついている。特にターボモデルは、物珍しいだけにしろ、人気が高い。

やけに車高が高く
不格好で、
エンジンもひどかった

スペック

最高時速：179 km/h
加速時間(0〜96 km/h)：9.6秒
エンジン：直列4気筒
排気量：1598 cc
総重量：968 kg
燃費：9.9 km/L

←オースチン・ローバー社に奪われた栄光のエンブレム。しかも、こともあろうにこの醜いマエストロに付けられるとは。純粋なるMG信奉者は涙に暮れた。

マエストロ「名匠(マエストロ)の要素ゼロ」

これはターボモデル。スピードはかなりのものだったが、ハンドリング性能や洗練さについては見るべき点なし。

危険な罠

名匠(マエストロ)は文字どおり名前だけ。ボイスアラームはうるさいだけで、効きの悪いブレーキやサビについての警告は一切なし。

通常のマエストロと違う点は多数。赤いシートベルト、インパネはオースチン・ローバー社の言う「テクノ・フィニッシュ」で、ステアリング・ホイールを3本スポークにするなど、スポーティーさを演出してある。

ボイスアラームによる警告は「油圧が低下しています」「燃料が残りわずかです」「シートベルトを締めてください」「クーラント・レベルをチェックしてください」といったごく当たり前のものに加え、なぜか「クルマがひっくり返っています」も。

オースチン・ローバー製の1.6L-Rシリーズをパフォーマンスカーに載せたのは明らかな選択ミス。スピードは出ないし、回転を上げるとうるさくてかなわなかった。加速はフォルクスワーゲン・ゴルフGTIといったライバルの足元にもおよばず。

通常のマエストロと同じく、このMG版もサビの宝庫。まずリア・ホイールアーチがやられ、続いてテールゲート、シル、フロント・スカートが餌食に。

モーリス・イタル
MORRIS ITAL

1998年、イタルデザイン社は30周年を記念する本を出版した。ただし、あえて載せなかったクルマが1台だけある。自社の名前を付したこれだ。理由は考えるまでもない。フィアット・パンダやゴルフのデザインはクラシックと呼ぶにふさわしいが、ジウジアーロが手を加えたこのモーリスは明らかに違う。モーリス・マリーナをいじったものだが、どこから見ても悪くなっているとしか思えない。しかもマリーナ自体が格好悪いのだから、救いようがない。

中身はマリーナの丸写しで、マリーナのベースは1948年製のモーリス・マイナーなのだから、走りが最悪なのは言わずもがな。マリーナのテールライトはスタイリッシュだったのだが、イタルデザイン社はそれをわざわざばかでかいプラスチック製に変更。フロントはクライスラー・アベンジャーにしか見えない。で、それが自慢できることではないのは、すでに書いたとおり。

多少でも使い勝手が良かったのは、ステーションワゴン・モデル。走りの性能はサルーンと変わらずひどいもので、見かけもマリーナにあった調和が欠けているが、少なくとも後ろの荷物スペースが広いうえ、ルーフにキャリアラダーも付けられるため、商用車としては人気があった。

スペック

最高時速：147 km/h
加速時間(0~96 km/h)：15.2秒
エンジン：直列4気筒
排 気 量：1275 cc
総 重 量：932 kg
燃　　費：11.7 km/L

モーリス・マリーナの衣替えにすぎないし、もとよりも悪くなった

←写真はステーションワゴン。見かけはやはり醜いが、まあまあ使えた。故障するまでは、の話だが。

1981~84年 イギリス

イタル「商用車として人気」

おお、イタルＨＬＳステーションワゴン、かなりのレアものだ。もっとも、だからといって欲しいわけではないが。大半のステーションワゴンはもっとグレードが低かった。

同じ遺伝子、同じ欠陥

モーリス・マリーナをベースにするという発想からして間違い。どこを取ってもひどいクルマを元にしていいものができるわけがない。もっとまともなクルマを選んでいればよかったものを。

ラジオとヒーターのつまみはセンターコンソールに配置。ただし、どういうわけかつまみ類が助手席側を向いていて、運転席から見えないという意味不明のデザイン。

エンジンは３種類。古いが個性のあるＡシリーズの1.3Ｌはまずまずの信頼度。オースチン・プリンセスに積まれていたＯシリーズの1.7Lと2.0Lはオイルシールに難あり。

マリーナの中では、外観はクーペ・モデルがまだましなほうだった。そこでイタルの生産を決めた際、クーペはあえて外し、退屈極まりないステーションワゴンとサルーンをイタルデザイン社の手に委ねたのだろうが……。

横から見ると、マリーナと区別がつきにくいが、フロントのウィンカーの形状とホイールトリムは違う。もっともこの程度では、せっかくの再デザインなのに思いきりが悪いと言うしかないが。

パンサー・リオ

PANTHER RIO

理屈でいえば、人気の高いトライアンフ・ドロミテの上流向けのクルマを作るという発想は悪くない。だが、発想の解釈が意図不明だった。ベースはドロミテ・スプリントだが、手作業で鍛造したアルミボディに、フォード・グラナダのヘッドライト、ロールス・ロイス風のフロントグリルを装備。シートは鋲付きの革張りで、ダッシュボードはつるつるぴかぴかのウッド。結果、いかにも70年代な品のない代物になった。

値段も不可解で、最高級クラスのエスペシャルはドロミテ・スプリントの標準モデルの約３倍。ロールス・ロイスより多少安い、という超がつく高価格だったこのクルマ、失敗作などという甘い表現では済まない。打ち切りまでの２年間で、わずか38台しか生産されなかったのだから。

さらに悪いことに、ウッドパネルやクロムといった内装の飾りのせいで重量が増し、ベースのドロミテ・スプリントよりもはるかに鈍いクルマに。しかもサスペンションの強化がなかったため、スプリントのシャーシには重すぎ、トライアンフらしい機敏なハンドリング性能も失われることに。もっとも、車重が増したおかげでグリップ力は上がったが。

とはいうものの外観の変更はまずまずの出来で、欠点だらけだが、見てくれはそれほど悪くない。

1970年代趣味だが、あまりに悪趣味

スペック

最高時速：185 km/h
加速時間（0～96 km/h）：9.9 秒
エンジン：直列４気筒
排 気 量：1998 cc
総 重 量：不明
燃　　費：9.9 km/L

←パンサーのパンフレット。セピア色の感じが、懐かしいＬＰレコードのジャケットを思わせる。

リオ「顔は良くても、中身が……」

写真はパンサーの社長ボブ・ジャンケルのクルマ。社用車には必ず「PAN 10」のナンバープレートが付いていた。

問題は内装

2年間で生産台数わずか38台。理由はハッチバックでもないし、外見ではわかりづらい。実は内装に大いに問題あり。

エンジンはドロミテ・スプリントのものとドロミテHLのスラント4/1.8Lの2種から選択可能。ただしいずれを選んでも、車重が増したせいで元のドロミテよりも遅かったが。

内装は豪華でも、悪趣味。革張りのシートには、チェスターフィールドのソファかと思うような鋲が施され、ベニアのダッシュボードはつるつるのぴかぴか。それでも、スイッチ類はトライアンフ製だったが。

ロールス・ロイスが買える値段だったのだから、ロールス風のフロントグリルは安っぽい物まねとは言えない。ただし作りが悪く、クロムがよくはがれ落ちるのが問題だった。

取り柄があるとすれば、高いグリップ力か。車重が増えたおかげでドロミテよりもグリップ力が増し、乗り心地も良くなった。ただ、そのためだけに3倍の金を払う価値はない。

ペイカン

PAYKAN

デビュー当初、ヒルマン・ハンターはなかなかのファミリーカーだった。確かにサビにはやや弱かったものの、エンジン類のシンプルな構造と高い信頼性のおかげで、品質は大半のライバル車のそれに勝っていた。そのため後年、非欧米における発展途上のモーター市場の目にもたいへん魅力的に映り、2005年に生産を中止するまでほぼ同一のモデルを作り続けた。

性能や装備に見るべき点はなく、足回りもやたらと固いと、乗って楽しいクルマではない。それでもオーナーの大半はそれぞれ知恵を絞って愛車を生きながらえさせた。イランでは今もかなりの数のペイカンが走っているが、その大半は木材や針金、テープ類でなんとかかたちを保っている。

木や針金、カーペットを留めるテープで部品をつないでいるらしい

ヒルマン・ハンターと多少は違う見かけにするべく、クライスラー・ヨーロッパのゴミ箱を漁り、アベンジャーのヘッドライトとタルボット・サンビームのテールランプをくっつけ、さらに隣のページにあるとおり、ボディを無様にカット。別にボディキットもあったが、なおさら寄せ集め感が出ただけ。

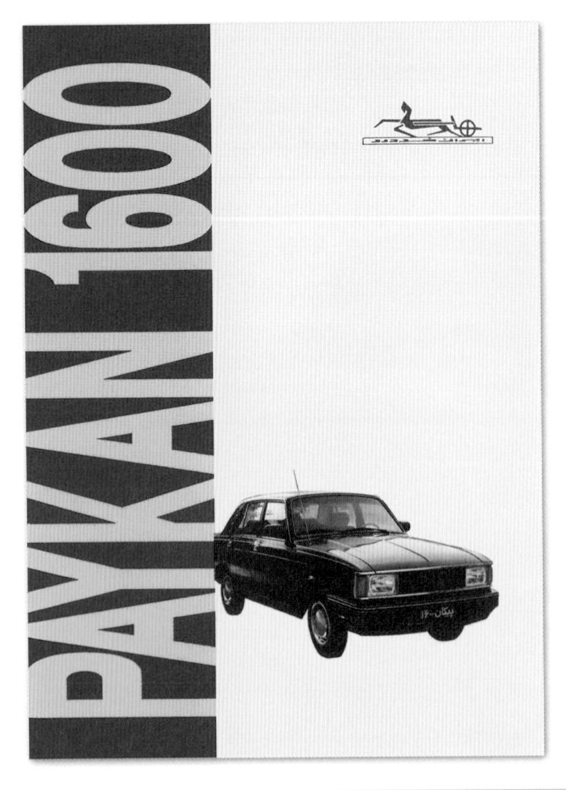

←ペイカンは長らく宣伝の必要もなかったが、最近はイランにも輸入車が増えため、このように派手なパンフレットで購買意欲をあおるのが一般的。厳しい競争にも負けず、ペイカンの売上はいまだ好調だ。

スペック

最高時速：139 km/h
加速時間（0～96 km/h）：17.8 秒
エンジン：直列4気筒
排気量：1598 cc
総重量：915 kg
燃費：9.6 km/L

ペイカン「イラン生まれの雑種」

寄せ集めで整形手術。ヘッドライトはクライスラー・アベンジャーで、テールランプはサンビーム・タルボット。

寄せ集め

ベースのヒルマンと見かけを変えるべく、イラン政府は雑多な他車のパーツを使用。結果、アイデンティティ危機を地でいくクルマに。

英国でヒルマン・ハンターを襲ったサビ問題にも悩まされた。乾燥したイランでは問題が表面化するまでにやや時間はかかったものの、アウターウィングとリア・ホイールアーチがとりわけサビの餌食に。

イランの悪路に対応するべく、リアスプリングはペイカン独自のものを搭載。ハンターのスプリングよりもはるかに硬く、乗り心地は最悪。

モデルはひとつだけでで、飾り気は一切なし。ビニル製シートにプラスチック製ダッシュボード。計器は燃料計、温度計、速度計のみ。

出自は一目瞭然。ヘッドライトとテールランプを変えても、元がヒルマン・ハンターであることは隠しようもない。

ペロドゥア・ニッパ

PERODUA NIPPA

正直、生き延びるに値しないクルマがある。ダイハツ・ミラもそのひとつだ。確かに狭苦しく、いつも混み合っている日本の都会の道路事情を考えれば、ホイールベースが小さく維持費も安い、660ccの超コンパクト・カーが人気を博したのはうなずける。日本での使命を終えた同社のデザインをマレーシアのメーカー、ペロドゥアが購入。快適な装備をすべて取り払い、バジェットモデルとして売り出したのがこれ。

80年代に逆行したかのごときクルマで、ラジオもリアウィンドウの熱線もないし、ちょっとした横風にもあおられてふらふらする最悪の1台。英国と南アフリカにも輸出され、いずれの市場でも最安値だったが、なぜ安いのか、その理由はステアリング・ホイールを握ればすぐにわかった。

だがこのクルマ、なぜか死なずにいまだに生きながらえている。

80年代に逆行したかのごときクルマ ちょっとした横風にもあおられてふらふら

スペック

最高時速：135 km/h
加速時間（0～96 km/h）：15.2秒
エンジン：直列3気筒
排気量：847 cc
総重量：650 kg
燃費：17.8 km/L

←「サイズがすべて」とでかでかと謳っているが、小さければあとはなんでもいい、ということか。

ニッパ「生きながらえている」

とりあえず、丈夫でメンテナンスが楽なのは取り柄。それで納得できる人も中にはいただろうが、あまりのダメさ加減に多くは辟易した。

内装の豪華さは一切求めるべからず。速度計と燃料計、シートにシフトレバー、あとは灰皿があれば良しとすること。ラジオやグローブボックスの蓋といった「贅沢」は、オプション。

パワーも期待すべからず。ある程度の速度が出るまでにかなりの忍耐力を要する。やっと達したと思ったら、今度は騒音にいらいら。コストを最小限に抑えるため、防音対策も一切していないため。

軽量でサイズのわりに車高が高いため、風にめっぽう弱い。強い横風にあおられるだけで、車線をはみ出すほど。当然、深刻な事故につながったことも。

ホイールベースが極短でタイヤも極小だから、乗り心地がいいはずもない。路面のガタガタがことごとくシートを直撃。

プリマス・クリケット
PLYMOUTH CRICKET

ボクゾールの米国版でオイル危機を乗り切ろうとしたGMにならってクライスラーが作ったのが、このヒルマン・アベンジャーの米国版。だが狭い室内とサビに弱いせいで、米国人の心はつかめなかった。

エンジンはアベンジャーの1.6L／OHV。英国では一定の評価を確立していたが、米国の排ガス規制に合わせてキャブレターの性能を落としたせいで、いらつくほど速度が出なかった。ばかでかいバンパーや黄色のマーカーランプといったスタイリングの変更もまるで似合っていない。おかげでクリケットはいまや、なかったも同然のクルマとなっている。

それでもオレンジ、黄、茶を使ったおぞましい内装、ぺかぺかの塩化ビニルのダッシュボード、悪趣味なテールランプが変更になっただけでもましか。アベンジャーよりもはるかに遅いのが難点だが。

まともに走れないし、とにかく遅かった

スペック

最高時速：139 km/h
加速時間（0～96 km/h）：15.6秒
エンジン：直列4気筒
排気量：1498 cc
総重量：865 kg
燃費：10.3 km/L

←70年代らしいサイケな広告で、カラフルで一風変わったクルマはいかが、と目の肥えたドライバーらに訴えたつもりか。この作戦、競争激しい北米市場では完全なる失敗に終わったが。

クリケット「とにもかくにも……」

後ろから見ると、ヒルマン・アベンジャー（断っておくが、ぱっとしない）の面影がくっきり。トレードマークの「ホッケースティック」型テールランプも継承。

下手くそな衣装選び

ベースのヒルマン・アベンジャーも見目麗しいとは言えないが、スタイリングの変更でクリケットはバランスの悪い見かけに。分厚いバンパーはいかにももっさりしているし、内装もいまひとつ。

サビにも悩まされた。フロントウィング、スカート、リア・スプリングハンガー周りのほか、フロアパンも脆弱だった。

安全規制のせいで、内装も変更。ダッシュボードには塩化ビニルのコーティングが施され、後部座席の背もたれも高くなった。どう見てもとってつけた感がぬぐえないが、実際、そうだから仕方ない。

ベースはヒルマン・アベンジャー。それほど不細工なクルマではなかったのに、米国の安全規制のせいで分厚いバンパーを付けられ、美しいラインが台無し。

エンジンはアベンジャーと同じＯＨＶだが、パワーの劣るオートマ仕様のうえ、排ガス規制に合わせてキャブレターの性能を落としたため、がっかりするほど鈍かった。

ポルシェ・カイエン
PORSCHE CAYENNE

純粋にドライバーの目で見れば、クルマとしては何の問題もない。パワフルで、ハンドリング性能はＳＵＶとは思えないほど高く、作りもしっかりしている。ただしその裏にあるイデオロギーが間違いだらけで、そのために筋金入りのポルシェ・ファンからは侮蔑の目を向けられている。理由はわからないでもない。最大の欠点は、このスタイリング。エレガントからほど遠く、伝統的なポルシェのスタイルとオフロード車にありがちなサイドがざっくりと切られた形状を無理やりひとつにしたようで、格好いいとは言えない。

さらにこのクルマ、あくまで子供をたくさん作り、それでもまだポルシェを買う余裕のある家庭向けだから、庶民は生活費を切りつめてまで買いたいとはまず思わない。もっとも、どうしてもポルシェじゃなければだめ、という人も中にはいる。このカイエンが絶対に欲しいという輩は、道交法や他人の迷惑を顧みずに校門の前に堂々と横付けして、自慢のデザイナーズブランドのブースターシートから自慢のご子息を降ろすところを他人に見せびらかしたくてたまらない人種でもある。メルセデスやジャガーを駆る他のママ・パパ連中と張り合いたいのだ。滑稽でさもしいとしか見えないとも知らずに。

スペック

最高時速：242 km/h
加速時間（0～96 km/h）：6.4 秒
エンジン：V型8気筒
排気量：4511 cc
総重量：2225 kg
燃　費：6.3 km/L

このクルマの哲学は間違っている だからファンにそっぽを向かれる

←スプリング・システムとトランスミッションのレイアウトがよくわかる。いずれもフォルクスワーゲン・トゥアレグとうりふたつだ。

カイエン「粋じゃないポルシェ」

速さと敏捷性というポルシェながらの美点を兼備。ただ乗り心地は悪いし、やけに重くて大きいのも難点。

相手にならない

フォルクスワーゲン・トゥアレグと並んで開発されたもので、エントリーモデルは6気筒のエンジンも共有。どうしてもポルシェの名前が欲しい人は別だが、そうでないなら、フォルクスワーゲンのほうがはるかに買い得。

ポルシェを謳っているが、ドアはトゥアレグと同じで、中身も基本的には同じ作り。

ポルシェのV8エンジンはパワフルで活きもいい。ただしエントリーモデルはフォルクスワーゲンの3.2L/V6が積まれており、ポルシェとは思えないほど遅い。

どこから見ても、いまいち。調和は取れていないし、やけに丸まったノーズとばかでかいエアインテークを、口を開けたマヌケ面のひきがえるにたとえた批評家も。

大きさのわりには、グリップ力とハンドリング性は高レベル。ただし乗り心地はひどく悪く、路面のでこぼこがいちいちキャビンに伝わってくる。

プロトン・ウィラ
PROTON WIRA

またも日本車の焼き直し。デビューは1995年で、ベースはその４年前モデルの三菱ランサー。マレーシア産で、英国、南アフリカ、オーストラリアに輸出され、手頃な値段で広さのあるサルーンとしてまずまずの人気を博した。信頼性も高く、多くが今も現役で走っている。だったら、どうして本書に？理由は簡単。魂や気合いが微塵も感じられない、史上稀に見る退屈車だから。

スタイリングに見るべき点は皆無で、ステアリング性能もごく普通。内装は安物のおぞましいプラスチック製、乗り心地はガタガタでギアシフトはぐにゃぐにゃ。エンジンは音ばかりで、肝心のパフォーマンスは並。多少なりともクルマに興味のある者にしてみれば、洗濯機などの耐久消費財と変わらないほどつまらない。

３ドア・モデルのサトリアもあり、こちらも同じく平凡だが、後に登場した1.8L GTiはチューンアップを施し、シャーシもロータス製にするなど、運転してそれなりに楽しいクルマだった。とはいえ、それも焼け石に水。退屈の定評を覆すべくもなかった。

スペック

最高時速：182 km/h
加速時間（0～96 km/h）：10.4 秒
エンジン：直列４気筒
排気量：1597 cc
総重量：1063 kg
燃費：12.4 km/L

走りも品質も洗濯機並み、よくある耐久消費財だ

↑新型ウィラは馬力が８％アップ、と自信満々だが、実際にはごく普通のクルマの馬力がごくわずかに増しただけ。運転していても、タコメーターを凝視していなければわからないほどの違いだった。

ウィラ
「気合いもなければ、スマートでもない」

文字どおり灰色な車

どこを取っても、見るべき点なし。スタイリングは平凡だし、仕上げも安っぽく、運転しても退屈この上なし。

5ドア・ハッチバック版もあり、4ドアよりは実用性が高かった。

内装にも心地良さを求めるべからず。プラスチック類は安物で、塩化ビニルコートのリア・サンバイザーはとりわけ不快。薄灰色フェチなら話は別だが。

エンジンは80年代の三菱製の1.3Lか1.5L。いずれも時代遅れで、レスポンスも悪く、多少でもアクセルを踏み込むとうるさくてかなわない。

ハンドリングはごく普通。グリップ力も低く、アンダーステアが出がち。ステアリングフィールと呼べるものは一切なく、コーナーでのロールもひどい。乗り心地も悪く、特に後部座席は最低。

ご覧のとおり、デザインにも目を引く点はまるでない。個性はかけらもないし、ラインは平凡だし、仕上げもダサい。ハッチバック版も同じで、ライトの形状が違うリアエンドが醜い。

ローバー800
ROVER 800

歴史上チャンスを逸したクルマは珍しくないが、中でも屈指と言えるほど惜しかったのがこれ。1986年に大衆の期待を背負って登場。BMWやメルセデスの向こうを張る英国発の新たなエグゼクティブカーになる、はずだった。ホンダと共同開発したクルマで、ホンダが姉妹車のレジェンドと同じV6エンジンを提供し、ローバーも4気筒エンジンを独自に製造と、ここまでは良かったが、この先の展開が予想どおり最悪。ローバー製のエンジンとルーカス製の電気系統は故障がちで、片やホンダらしいよく回るスポーティーなV6エンジンは、ラグジュアリーカーに不似合いだった。加えて作りの質が低いためサビに弱く、ダッシュボードの縁が高温になると変形するというおまけも。91年型の800はマイナーチェンジでかなりいいクルマになったが、一度失った信頼は取り返せなかった。

ローバーは米国向けにクーペ版も作ったのだが、ショールームに入れるまであと手作業による最終仕上げを残すのみの段階で、同社は北米市場から撤退を決めてしまった。クーペはやや古くさい感はあったものの、装備も文句なく、内装も美しかったのだが、サルーンモデルと同じく電気系に問題があり、別の市場に送り込まれたが、奮わなかった。

高温になるとダッシュボードの縁が変形してしまう

←別売りのボディキットもあった。付けると平凡ではなくなったものの、今度は正気の沙汰とは思えない姿に。

スペック

最高時速	187 km/h
加速時間(0~96 km/h)	10.2秒
エンジン	直列4気筒
排気量	1994 cc
総重量	1260 kg
燃費	9.9 km/L

ローバー 800「やたらと手のかかる相棒」

クーペ・モデルは仕上げが手仕事の贅沢な１台。サルーンよりもはるかに出来が良く、現在でも根強いファンがついている。

高級な負け犬

敗因は問題だらけの電気系統。さらにもうひとつ。ローバー製の４気筒エンジンがかなりの気分屋で、言うことを聞いてくれなかったのも悪かった。

初期型は見かけが特にぱっとせず、オースチン・モンテゴにも似ている。1991年以降のモデルはデザインが一新され、かなり見られるようになったが、それでもライバル高級車たちに比べるとまだまだ地味。

エグゼクティブカーのはずなのに、オースチン・ローバー社のゴミ箱を漁って集めたパーツを組み合わせたとしか思えない。計器やスイッチ類は同社の大衆車の使い回しで、ライバルのドイツ勢と比べると明らかに見劣りがした。

５年もしないうちからサビが現出。メーカーへの保証の訴えが相次いだ。真っ先にやられたのがドア、トランクフロア、リア・ホイールアーチ。

ローバーは莫大な費用をかけて専用の2.0Lエンジンを開発。だが維持や修理に手のかかる代物で、それも命取りになった。しょっちゅう壊れたからだ。

ローバー・シティローバー

ROVER CITYROVER

ヨーロッパでますます小さいクルマが人気を博すなか、ローバー社は小型車市場に再び割って入ることを決める。だが台所事情が苦しかったため、新モデルを開発する代わりにインドのテルコ社と製造協定を結んだ。テルコがインドで販売するタタ・インディカは同国史上、屈指の成功を収めたモダンな小型ハッチバック車で、まずまずのスタイリングとそこそこに広い居住性を兼ね備えていた。

自らの思惑とぴたり合致するクルマに思えたのだろう。ローバーはこれをシティローバーと改名してヨーロッパで売り出したのだが、ヨーロッパ人の趣味に合わせてきちんと改良を加えなかったのがまずかった。質の悪いプラスチックと安物感が漂うトリムはないほうがいいし、うるさいエンジンと出来の悪いギアシフトがダメさ加減に拍車をかけている。もっとよくできたライバル車と同じ額を設定しても大丈夫とローバー社はのんきに思っていたのだろうが、消費者はだまされなかった。

今ではこのクルマ、悲しい出来事の象徴として英モーター業界史に刻まれている。2005年、ローバーが管財人の管理下に置かれる前に最後に作った新車だからだ。

ローバーの名が復活し、中国の工場で新車が生産されるとの噂もある。ただ、どうなるにしろ、このクルマは誉れあるローバーの名をなんとか守ろうとした同社の最後の悪あがきのしるしとして、これからも記憶されるに違いない。

英国のモーター史における悲しき脚注

スペック

最高時速：161 km/h
加速時間(0～96 km/h)：11.9秒
エンジン：直列4気筒
排 気 量：1405 cc
総 重 量：1040 kg
燃　　費：11.6 km/L

←壁際の若いカップル、立ち話をしているが、実はそばに誰もいなくなるまで待っている。手前に停まっているシティローバーに乗りこむところを誰にも見られたくないのだ。

シティローバー「最後のローバー」

ローバー倒産の年、売れ残っていたシティローバーは販売希望価格の半値以下でたたき売られた。悲しい末路だ。

安いインド風料理

外面については、テルコはまともな仕事をした。ただ、中身を当時の一般的な水準に持っていけなかった、というだけ。

外はいいが、中は最悪。それがこのクルマ。ダッシュボードは安物感がいっぱいだし、計器類も適当につけただけにしか思えない。車内灯はすぐ壊れるし、シフトレバーはちょっと強く動かしただけで折れそうなほどもろかった。

取り柄はスタイリング。見かけはなかなかスマートで、多くのライバル車たちに勝っている。ただそのシックな皮をはぐと、出てくるのは安物の粗悪なクルマ。やたらと高い価格にそぐわない商品だった。

エンジンはプジョーの旧式で、レスポンスはまずまずだが、環境にとりわけ優しいわけではない。そのうえトランスミッションの出来がひどく悪く、不快なことこの上なし。

ハンドリングはかなりいい。もっとも、それだけでいいクルマにはならないが。あってしかるべきＡＢＳが標準装備されていないことも非難の対象に。

セアト・マルベーリャ

SEAT MARBELLA

スペインのバレアレス諸島かカナリア諸島でバカンスを過ごせば、必ずや乗るクルマ。内装には贅沢さのかけらもなく、ボディは薄っぺらの安物だけに、長年、南ヨーロッパでは安いレンタカーとして出回っていた。ベースは1980年製フィアット・パンダで、デビューは1986年。当時人気の超小型車市場に割って入りたかったセアト社が送り込んだクルマだったが、登場時からすでに時代遅れで、作りの質がきわめて低く、ボディカラーもぱっとしないし、乗り心地もカート並みに悪かったせいで、まるで売れなかった。

セアト社もやれることはやった。ピンクやイエロー、アップルグリーンといったカラフルなボディカラーを加えるとともに、内装もラテンの血を強調する作りに変え、消費者の心をつかもうと努力はした。だがどれも無駄骨で、結局はマルベーリャを見限り、90年代半ば以降はフォルクスワーゲンと組んだモデルを次々に投入していく。かくしてマルベーリャはコスタデルソルで隠居の日々を送ることになった。

スペック

最高時速：130 km/h
加速時間（0～96 km/h）：19.1秒
エンジン：直列4気筒
排気量：903 cc
総重量：680 kg
燃費：15.9 km/L

↓このドライバー、どうしてこんなひどいクルマでわざわざラリーに出るなどという危険を冒すのだろう。凡人の理解を超えている。

ボディカラーもぱっとしないし、乗り心地もカート並みに悪かった

マルベーリャ「地中海一派手なクルマ」

多少でもファンキーに見せるべく、派手なボディカラーを導入。この鮮やかなイエローの他、オレンジやピンクもオーダー可。

低価格、低コスト

安くて維持費もたいしてかからなかったのは確かだ。ただしたいていの人は試乗すると、いくら安くてもこれを買うくらいならもう少し金を出してましなのを買う気になった。

フィアット・パンダほどではないにしろ、手入れを怠るとたちまちサビの餌食に。ペイントの仕上げが悪くてよくはげ落ちたし、そこに襲いかかるサビに真っ先にやられたのがリア・ホイールアーチ、ドア、トランクフロア。

ノーズを変えても、初期型のフィアット・パンダがベースなのは一目瞭然。箱みたいなスタイルにフラットなフロントガラスなど、横から見ると区別が付かないほど。

内装に快適さや豪華な要素は皆無。布張りのシートはいかにも安物で座り心地が悪いし、ダッシュボードも地味な布製。ドアはメタルペイント仕上げで、フロアカーペットはなくゴムマットのみ。

フィアットはパンダを1986年にマイナーチェンジしたが、セアトはせず。結果、マルベーリャはリアスプリングがカート並みだし、乗り心地は最低で、ハンドリングも予測不能のまま。

トライアンフ・アクレイム
TRIUMPH ACCLAIM

英自動車業界にとって重要な１台。当時のブリティッシュ・レイランド（後のローバー）とホンダが初めて手を組んだことで生まれたクルマで、この提携がＢＬ社を窮地から救い出すことになる。もっとも、労働組合に迎合し続けた同社の衰退を止めたのは、このアクレイムではないのだが。ベースは日本と米国で人気だった４ドア・サルーンのホンダ・バラード。もしもＢＬがこのクルマをオースチンかモーリスとして売り出していれば、あるいは成功したかもしれないが、彼らが選んだのは高級車トライアンフの名だった。

トライアンフの顧客は豪華なクルマに慣れていただけに、プラスチックが張り巡らされたキャビンや地味な日本的デザインがお気に召さなかったのだろう。わずか2年で生産を打ち切られた。

だがこのクルマをきっかけに、ローバーとホンダの提携は長く続いていくことになる。その集大成が1989年に登場したローバー200。同社にとって30年以上ぶりの大ヒット車だった。

アクレイム自体は進化の歴史の奥に葬り去られた絶滅種的な存在だが、自動車業界の歴史を振り返る上では見逃せない１台といえる。

内装はプラスチックで、デザインは質素な日本ふう。イギリス向きではなかった

←「アクレイムは無敵」と自信たっぷりに謳っている。難敵のルノー９やフォード・エスコートMk3には勝てる、ということだろうが、フォルクスワーゲン・ゴルフや他の日本車勢といった強敵の存在は都合よく忘れている。

スペック

最高時速：148 km/h
加速時間（0～96 km/h）：12.9秒
エンジン：直列８気筒
排気量：1335 cc
総重量：803 kg
燃費：12.0 km/L

アクレイム「自動車界の絶滅種ドードー」

同世代のライバル車と比べてひけを取っていたわけではない。ただ、高級車として売り出した戦略がまずかった。

名前がすべて

トライアンフの名を付したのが失敗だった。高級感に慣れていたトライアンフの顧客は、あまりの安物ぶりに腰を抜かした。

トライアンフといえば装備も豪華な高級車の代名詞。それだけにひいきの客は、安っぽい内装に落胆した。キャビンを飾ったのは格調高いウッドとレザーではなく、趣味の悪いベロアとプラスチック。

機械類は信頼性に定評のある日本製だったが、ＢＬ製らしく、サビに弱かった。リア・ホイールアーチ、ドア、シルが特に脆弱。

エンジンは丈夫で信頼できるホンダ製だが、３速オートマのトリオ・マチックはトライアンフ製。これがまた反応の鈍い代物で、おかげでエンジンの良さを活かせず。

トライアンフ信奉者は後輪駆動と硬いサスペンションを好んだが、アクレイムにはそのいずれもない。前輪駆動でサスは柔く、ハンドリング性能も低かったし、アンダーステアが出やすく、ステアリング・レスポンスも悪かった。

バンデン・プラ1500

VANDEN PLAS 1500

悪い冗談みたいなクルマだったオースチン・アレグロをベースにした、紛うことなき最低車。馬車作りから始まった伝統に則り、ＢＬ社の高級市場向け車を作り続けてきたバンデン・プラは、１９７４年ＢＬ社からアレグロの高級版作りを命じられる。贅沢な装備は欠かせないけれど、もう少し小さくて燃費のいい１台が欲しい隠居世代をつかまえること。それがＢＬの狙いだった。そこで大量のアレグロがキングズバリのバンデン・プラ工場に運ばれ、化粧直しを施される。ウォルナット製のダッシュボード、ピクニックテーブル、革張りシート、ウィルトン製のフロアカーペット、仰々しいグリル……アレグロにわずかに残っていた威厳は、これで完全に消え失せた。

さらにここで、運命のいたずらとしか言えないことが起きる。ＢＬ社は１９８１年にＭＧＢの生産中止を決定。当然、余った労働者の首は切るのだが、労働組合の規定により、解雇前にじゅうぶんな猶予期間を与えねばならない。そこでＭＧＢの生産終了と同時に、アビンドンの工員らはキングズバリに移され、オースチン・アレグロにごてごてしたダッシュボードやグリルを付けるといった退屈極まりない仕事をやらされることに。世界有数のスポーツカーを作っていた腕自慢の職人たちにしてみれば、侮辱もいいところだからやる気が出るはずもない。当然、アビンドンで組み立てられたバンデン・プラ１５００は、ほぼどれも問題だらけだった。

元祖アレグロにはあった高級感がすべて失われてしまった

←後ろから見たら、アレグロとほぼ見分けがつかない。だが乗ってびっくり。まさかピクニック用のテーブルが待ちかまえているとは。

スペック

最高時速：144 km/h
加速時間(0~96 km/h)：14.5 秒
エンジン：直列４気筒
排 気 量：1485 cc
総 重 量：900 kg
燃　　費：10.6 km/L

バンデン・プラ1500「馬車か?」

トランクフロアまでウィルトン製の高級カーペット敷き。ただ、元がアレグロだけにトランクの雨漏りがひどく、せっかくのカーペットもすぐにボロボロに。

過剰な標準装備

ピクニックテーブル、フロアカーペットといった装備は、クルマとしてのダメさを覆い隠すためのものでしかなかった。信頼性の低さは、ベースになった問題だらけのアレグロと変わらず。

名前こそ違うけれど、要するにアレグロ。フロントに仰々しいラジエーター・グリルをつけているが、このサイズのクルマにはどう見ても大きすぎる。約20年後、ローバーがホンダ車に同じようなグリルを付けた時は、なぜかさほど気にならなかったのに。

外面はばかげているが、内装は確かに豪華。ドライバーはともかく、同乗者は快適だったかも。

エンジンはBLのEシリーズ。スピードはまずまず出たが、洗練度に欠け、カムチェーンに不具合が生じ、オイルがすぐになくなるのが難点だった。オプションでオートマ仕様もあったが、げんなりするほどスピードが出なかった。

アレグロと同じく、トランクには荷物を置かないほうがいい。デザインの根本的ミスのせいで雨漏りがひどく、トランク内は常に水たまり状態。そのうちにサビついて、トランクフロアが抜けた。

ウーズレー・シックス

WOLSELEY SIX 18-22 SERIES

ＢＬ社のコスト削減第一主義が作りだした悪夢は、バンデン・プラ1500以外にもあった。プリンセス“ウェッジ”は1975年に登場したクルマで、その究極版が高級車メーカー、ウーズレーの名を冠したこのモデルだ。

ウーズレーといえば品質の高さと豪華さで知られた自動車メーカー。この18－22シリーズにも確かに、ウッド製のダッシュボードなど標準でなかなかの装備はついている。ただ、この前衛的なスタイリングにウーズレーの顧客は難色を示したし、エンジンマウントとドライブシャフトに不具合が出やすく、ガス封入式サスペンションの圧力が下がりがちで車体が片側に傾いてしまう点も嫌われた。ウーズレー・ファンにしてみれば、グリルに輝く栄光のエンブレムは耐え難い苦痛以外の何ものでもなかっただろう。だがＢＬはシックスの生産をあっさりと打ち切り、同時にウーズレーの名も消えてしまうことになった。

ガス封入式サスペンションの圧力が下がって車体が片側に傾いた

ご存じないかもしれないが、現在、このウーズレー・シックスは世界一の珍しさを誇るクルマだ。確認されている現存車はわずかに７台。珍しいことで知られるブガッティ・ロワイヤル（プレミアが付き、一時期は1,000万ドルで売られていた）よりも稀少である。ただ、本書でも取り上げているとおりロワイヤルも相当なダメ車だから、手頃な価格で究極のレア車が欲しいのなら、このウーズレー・シックスがお勧め。

スペック

最高時速	166 km/h
加速時間（0～96 km/h）	13.5 秒
エンジン	直列６気筒
排 気 量	2227 cc
総 重 量	1187 kg
燃　　費	8.9 km/L

←ベストショットは、この後ろからのアングルか。

18-22 シリーズ「絶滅寸前——ありがたいことに」

誉れ高い「ウーズレー」の名がビニルで覆われたリア・ピラーに。なんたる贅沢……。

分不相応

気高い名前の力でひどいクルマを多少でもよく見せようとしたのだろうが、分不相応なのは考えるまでもない。

ハリス・マンの手になる「ウェッジ」、つまりくさび形は前衛的で、好き嫌いがはっきりと分かれた。往年のウーズレー・ファンはもちろん嫌い派。

分厚いフロアカーペットや本物のウッド製ダッシュボードにウーズレーらしさが見える。オースチンやモーリスについていた偽物とはわけが違う。フロントグリルには、ヘッドライトをつけると光るウーズレー伝統のエンブレムも。

プリンセスと同様、サビにはかなり弱い。リア・ホイールアーチ、シル、ドアボトムがみるみるうちにサビついた。

エンジンは2.2L／6気筒のみで、プリンセスのオースチンやモーリス版の最上級モデルに積まれていたのと同じもの。スピードはそこそこ出たが、オイル食いで、エンジンマウントとドライブシャフトがよくだめになった。

CAR COMFORT FOR 5

at a total running cost of less than 1d. per mile

THE FAMILY SAFETY MODEL

Designed and Built for 2 adults and 3 children with full weather protection for all

Manufactured by

SHARP'S COMMERCIALS LTD., (Est. 1922) PRESTON, LANCASHIRE

↑自在に一回転できるのがボンド・ミニカー唯一の売り？

とにも かくにも、ひどい

具体的に理由は挙げられないが、とにかくひどい、というクルマもある。たいていは常識が通じないほどの変わり種か、何から何まで間違っているかのいずれか。アンフィカーにボンドの三輪自動車、スズキX90にマーコス・マンティスなど、いわば自動車界のゲテモノだ。世に出てはいけなかったのに、どこかで誰かがいけると思ってしまったがために出てしまった車たち。その多くが今や歴史的に興味深い存在としてカルト的な評価まで得ているのだから、クルマの世界はわからない。

カテゴリー分けのできなかったクルマもある。ダメすぎて、他のどの章にも収まらなかったのだ。AMCイーグル、ナッシュ・メトロポリタン、ワルトブルグ・ナイトなどがこの類。作りが悪く、デザインもひどく、メーカーを窮地に陥れた最低のクルマたちだ。

G MISFITS

アルファロメオ6

ALFA ROMEO 6

魅力にあふれたスポーツカー作りで知られるアルファロメオだが、こと大型サルーンとなると、1988年の名車164までは実力に首を傾げるしかなかった。その164のいかにもさえない前任車がこれ。ベースはアルフェッタのプラットフォームを縦長にしたもので、見かけが醜いだけでなく、電気系統はすぐにいかれ、ボディのサビは半端でなく、信頼性にも深刻な問題あり。しかもハンドリング性能は最低、トランスミッションはひどい代物で、特に速度が出るわけでもない――アルファの名車群の中にあって明らかなはぐれ者だった。できもしないくせにエグゼクティブカーに手を出した挙げ句の大失敗。アルファとしては歴史から抹殺したいクルマだろうし、実際、存在したことを覚えている者はほぼいない。

ところが意外にも、この後継者がびっくりするほどいい出来で、アルファロメオ社は批評家の声にちゃんと耳を傾けていることが証明された。1988年に登場した164は美しき野獣と呼ぶにふさわしい。エンジンは2.0Ｌツインスパークかｖ６の２種。シャーシも洗練されており、真のドライバーズ・カーだった。ならばこれで、めでたしめでたし？　残念ながら、答えはノー。164も電気系統が弱かった。

見かけの問題だけでなく、電気系統はすぐ切れるしボディはすぐサビついた

スペック

最高時速：185 km/h
加速時間（0〜96 km/h）：11.4秒
エンジン：V型6気筒
排 気 量：2492 cc
総 重 量：1539 kg
燃　　費：8.1 km/L

←ボディが頑強でサビにも強いということだったが、どちらも真っ赤なウソ。

アルファロメオ6「できないことに無闇に手を出すものではない」

普通、アルファロメオのクルマは個性的なのに、横から見ると地味もいいところ。

アルファの恥さらし

アルファロメオ社史に残る失敗作。歴史と伝統ある会社が作ったとは思えない。良いところゼロ。

この時代のアルファ車はサビにめっぽう弱いことで有名。6も同じで、特にシル、リア・サスペンションマウント、フロント・インナーウィングが餌食に。

アルファロメオといえば、デザインの美しさで知られるが、これは例外中の例外。どこをどう見ても革新性は皆無。特にフロントエンドの処理は平凡の極み。

トランスミッションがリアアクスル前にあるため、ギアチェンジに難あり。車重のバランスも悪く、フロントよりもリアがかなり重かった。

AMCイーグル・ワゴン
AMC EAGLE WAGON

いろいろな意味で時代の先を行っていたクルマ。リフトアップしたサスペンションにごついプラスチック製ボディなど、現在流通しているＳＵＶの先駆けと言っていいだろう。ただ、斬新なアイデアは良かったのだが、不幸にも客は寄りつかなかった。クルマとしてもう少しまともな出来だったらあるいは売れたかもしれないが、出来の悪さがイーグル最大の弱点なのだからどうしようもない。

まず、ベースが最低車のグレムリンというところからしてダメだし、ごつごつしたボディも当時にしてはスマートさに欠けた。６気筒のエンジンも時代遅れの代物で、クライスラー製の３速オートマとの組み合わせがまた悪かった。

このイーグル、ＡＭＣの終焉を告げたクルマでもある。約20年間、作るクルマがことごとく並み以下で、ルノー社との提携にも失敗したＡＭＣにはもはや、自社のラインナップを増やす財力が残っていなかった。

スペック

最高時速：145 km/h
加速時間（0～96 km/h）：16.8秒
エンジン：直列6気筒
排気量：4235 cc
総重量：1492 kg
燃費：7.1 km/L

ごつごつしたボディは、およそスマートに程遠かった

↓キャビンはまさに80年代の米国。一面を覆うタン色のビニルと安物のプラスチックは悲しいかな、当時のお約束。

イーグル・ワゴン「爪のない猛禽類」

横から見ると、リフトアップがよくわかる。パネルとパネルの隙間に、やけに小さい後ろのドア、全体的なスタイリングの悪さも際立っているが。

AMCの最後のあがき

イーグルは短命に終わり、80年代半ばには早くも人々の記憶の彼方に。そしてAMCは米国市場から消えた。

装備が充実していて、人も荷物もたくさん積める実用性が最大の売り。でもそれだけでは、多すぎる欠点に目をつぶってまで買う理由にはならず。

80年代にしては斬新なクルマになるはずだったのに、遅くて燃費も悪い旧式のエンジンに最低のトランスミッションと組み合わせたことで、その芽を自ら摘んでしまった。

客を遠ざけたいちばんの原因がこの容姿。ベースがグレムリンであることと、リフトアップ・サスとサイドの偽ウッドパネルも不人気に拍車をかけた。

アンフィカー
AMPHICAR

ドイツは海に囲まれているわけではない。海岸線は短いし、しかも凍えるほど冷たい北の海に面している。なのになぜこのクルマでドイツ国民の心をつかめると思ったのだろう。答えは設計を手がけた少々変人のハンス・トリッペルに聞くしかないが、いずれにしろ水陸両用というアイデアが天才的なのは確かだ。

そしてまるで売れなかったのも事実。水上を走れるクルマなら、サビ対策を万全にするのが普通。でもトリッペルの考えは違ったらしい。結果、サビのせいで水漏れがひどく、水中に沈むクルマに。さらに根本的な問題がひとつある。クルマとしてもボートとしてもぱっとしなかったのだ。路上では、やけに高い車高のせいですぐ倒れそうになるし、水上では、水漏れでエンジンが停まりがちだし。

エンジンは英トライアンフ・ヘラルドのもの。もっと合うはずのドイツ製がいくらでもあったし、そちらのほうがずっと安く、問題も少なかったはずなのに。けれどなぜかトリッペルは英国製のオーバーヘッド・バルブ・エンジンを選択。水でダメにしても、換えの部品を見つけやすかったのは確かだが。

水陸両用車のつもりなら、サビ対策を万全にしておくべきだった

Drøm
bliver
til
virkelighed ...

AMPHICAR

スペック

最高時速：110 km/h
加速時間（0～96 km/h）：21.7 秒
エンジン：直列4気筒
排気量：1,147 cc
総重量：1050 kg
燃費：10.4 km/L

←ヨーロッパ中で販売されたこのクルマ。左のチラシはデンマークのディーラーに送られたもの。一部が島国のデンマークでは、さぞ便利だったのかも。

アンフィカー「クルマ？ ボート？」

ホイールアーチの形状は波のイメージから。とにもかくにも普通じゃない。

隙間市場

とことん変わったクルマで、当時にしてはかなり先を行っていた。問題は路上でも水上でも使えなかったこと。第一、こんなの誰が欲しがるの？

アイデアの斬新さは買う。クルマからボートに変身するには、そのまま水の中に入るだけでオーケー。タイヤに変わってスクリューの出番だ。

水上を走るのだから、防水は完璧と思うのが普通。ところが多くは水が入り込んでエンジンが停まったし、ボディの継ぎ目に水がたまりやすく、そこからサビついた。

残念ながら、出来はぱっとしなかった。水上ではやっと進む程度で、陸上での走りは最低レベル。ハンドリングは恐ろしい代物だし、グリップ力はほぼゼロで、トライアンフ製のエンジンはパワー不足。

アジア・ロクスタ
ASIA ROCSTA

ジープの物まね車は数あれど、これほどあからさまなものも珍しい。韓国の起亜が1986年に作ったクルマで、もともとは韓国陸軍用に開発したものだったが、90年代前半、ヨーロッパにおけるＳＵＶ人気に便乗すべく、レジャービークルとして売り出した。ただ、見かけこそまずまずだが、クルマとしては最低。エンジンは1.8Ｌ／ＯＨＶか排気ガスをまき散らすプジョー製のディーゼルで、いずれもパフォーマンスはぱっとしなかった。

乗り心地もひどいもので、ハンドリングもさえなかったロクスタ。これが有名メーカーのクルマなら、あるいは目を留めた者もいたかもしれないが、起亜自動車は当時ヨーロッパ市場で無名。つまり、客を惹きつける要素はゼロだったということ。

おまけに作りの質も最低レベルときては、もはや救いようもない。プラスチック・トリムはダッシュボードからすぐに外れて落ちるわ、ドアは納車から数年でサビつくわ……。

乗り心地は悪くハンドルの反応は鈍く、つくりも悲惨

←宣伝コピーは「心が狭く、真っ直ぐにしか物を見られない堅物はお断り」。ステアリングは言うことを聞かないし、乗り心地はガタガタなのだから、狭い道を真っ直ぐに走るのには確かに向いていない。

スペック

最高時速	140 km/h
加速時間（0～96 km/h）	17.0秒
エンジン	直列4気筒
排気量	1789 cc
総重量	1330kg
燃費	9.5 km/L

ロクスタ「オフロードのロックスター?」

後部座席に行くには、このリアから入って座席の背を乗り越えるしかない。快適、とは言えない。

ほぼ全滅

それほど古いクルマではないのに、今や絶滅に近い。中古市場で安くたたき売られていたため、四駆ファンが潰れるまで激しく乗ったから。

内装の作りの悪さは目を疑うほど。プラスチック類はおぞましい代物で、ドライビング・ポジションも最悪、コラムシフトレバーもよく折れた。

ハンドリングは最低。リア・ライブアクスルとリーフスプリングを併用。つまり、やたらと横転しやすかった。乗り心地も最悪で、激しい震動がドライバーや同乗者の背骨を直撃。

エンジンは旧式の三菱製かプジョーのディーゼルの選択可。どちらを選んでも、パワーに著しく劣っている点は変わらなかったが。

ボンド三輪自動車

BOND 3-WHEELER

第二次世界大戦後の英国には、新たに導入された自動車の運転免許試験を受けるのを嫌がる人が数多くいた。そこで考えた。免許なしで乗れるクルマはないものか？　実は法に抜け穴があり、三輪自動車なら試験のいらないオートバイ免許で運転できることが判明。そのニーズに応えるべく、ボンド社のローリー・ボンドは三輪自動車を設計した。中でもとりわけ目を引いたのが、このミニカー・モデルである。

２人乗り（仲のいい者同士限定）用で、プラスチック製のボディにオートバイのエンジンを搭載。だがハンドリング性能が最低で、ステアリング・ホイールを切りすぎると一回転してしまうし、後ろに付いてしまったドライバーには不運というしかないほど、速度が出なかった。これでは売れるはずもない。

窮屈な後部座席に大人２人を押しこんだら、きっと体が固まってしまう

ボンドはサイズの大きい４人乗りモデルも作り、世界一経済的なクルマとして売り出したが、それはあくまで歩く程度ののろのろ運転をすれば、の話。しかも４人乗ると後部座席はあまりにも窮屈すぎて、後ろの２人は自力では降りられないほど体が固まってしまったとか。

Bond Minicar "MARK C"

The worlds most economical car

スペック

最高時速：80 km/h
加速時間(0~96 km/h)：不可能
エンジン：単気筒
排気量：197 cc
総重量：209kg
燃費：不明

←ボンド・ミニカーに乗る４人。子供たちは脚がないとしか思えない。

ボンド三輪自動車「文字どおりのミニカー」

好きにポーズを決めればいいさ。そいつに乗っているかぎり、どんなに気取っても笑えるだけだけれど。

愚の骨頂

買ったのは、戦後英国で新たに導入された運転免許試験を受けたくなかった人だけ。他の理由はありえない。運転しても傍目から観てもひどい代物なのだから。

ボディはファイバーグラス製だから、サビに関しては問題なし。ただ鋼製のシャーシがもろくてすぐに歪み、その負荷に耐えられずにボディにもひび割れが生じた。

ステアリングは前の一輪に直接つながっている。つまり180度曲げられるということ。ステアリング・ホイールを思いきり切れば、一回転もできた。

快適性は最低レベル。車内が異常に狭く、余計な装備どころか、燃料計もない。

シトロエン・ビジュー

CITROEN BIJOU

シトロエン社が英メーカーの仕事ぶりに感銘を受けて作ろうと思い立ったクルマ。ごく一般的なファミリーカーのシャーシに高品質のボディを被せる業を２CVですることを決め、英国バークシャーの同社工場で生産。デザインはかのロータス・エリートを手がけたピーター・カーワン＝テイラーだったのだが……出来映えには首を傾げるしかない。

どう見てもみっともないし、ファイバーグラス製ボディは２CVのそれよりも重量があったから、やたらと重くて扱いづらい。速度だって、どんなに踏んでも８０km/hも出ない。価格もミニより上で、しかもミニのほうが実用的で運転も楽しかった。というわけで売れるはずもなく、５年でたった２０７台をさばくのがやっと。最初期型はトランクリッドが鋳型の一部だったために開かず、荷物は後部座席の後ろに置くしかないというお粗末ぶり。さすがにこれはすぐ直されたが、買い物袋を置く場所ができたからといって、クルマ自体が良くなるはずもなかった。

スペック

最高時速：73km/h
加速時間（0～96km/h）：不可能
エンジン：水平対向２気筒
排気量：425cc
総重量：580kg
燃　費：15.9km/L

醜悪なボディで、グラスファイバー製なのにやけに重い

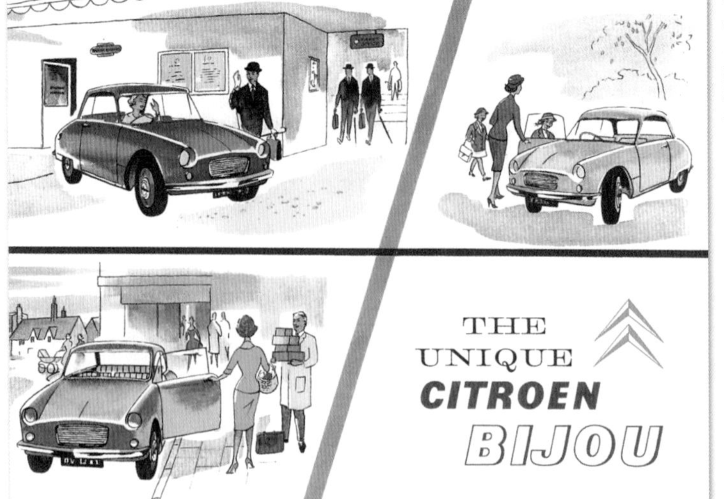

←「ユニーク」の文字が悲しい。これほど売れなかったクルマは唯一無二と言えるが。

ビジュー「宝石って、どこが？」

英国製を自慢したかったのだろう。フロント・グリルにうっすらとユニオンジャックが。

エンジンは2CVと同じ水平対向2気筒。やたらと遅かったが、ビジューの場合、信頼性はそこそこで、いじるのも楽だった。

物珍しさ

物珍しいのは確かだが、数が少ないのには相応の理由がある。醜いし、計画のずさんさがありありと見える。

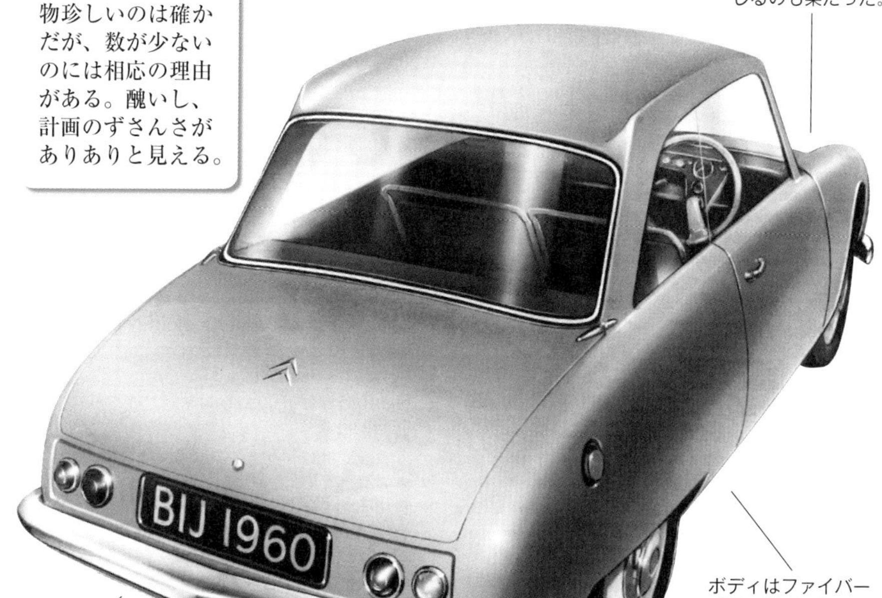

ボディはファイバーグラス製で、シャーシは手入れのしやすい標準モデルの2CVと同じだったから、サビには強かった。それが唯一の取り柄か。

この手の仕事はキットカー・メーカーに任せておけばよかったものを。ボディが重すぎて、ただでさえぱっとしないパフォーマンスをさらに落とす結果に。

ダチア・ダスター

DACIA DUSTER

　これもＳＵＶ人気にあやかろうとした失敗例。元はルーマニア陸軍のクルマで、自国ではＡＲＯの名で知られていた。ボディは波板構造で、ソフトトップかメタルルーフの選択が可。シャーシはシンプルなラダーフレーム。ただ、見かけはいかにもオフローダーのくせに、どこだってへっちゃら的な力は持ち合わせていなかった。

　エンジンは古くさいルノーの1.4Ｌで、これほどの車体を動かすには小さすぎ。しかも四駆の出来もさえなかった。そもそもは前輪駆動で、必要時に特殊なクラッチで四駆に切り替えるタイプ。当然、当初から受けが悪く、ライバルの日本車のほうがはるかに良い出来だったことも手伝い、間もなく市場から消えた。

　状況を打破するべくダキアはディーゼル版を投入したが、これがガソリン・モデルにもまして遅く、オフロードでの使い勝手もなおいっそう悪かった。朝方、出かけようと思ってもエンジンがなかなかかからないし、やっとかかったと思ったら、今度はすすけた排気ガスをまき散らすし。さらに言えば、ネーミングも謎。どうしてタフさが売りのオフローダーを雑巾（ダスター）などという名前にしたのか？　理解に苦しむ。

見かけはオフロード車だが、とても道なき道は走れない

←見よ、このアクティブな走りを！オフロードは苦手だが、湿った草の上なら大丈夫。

スペック

最高時速	129 km/h
加速時間（0～96 km/h）	23.1 秒
エンジン	直列４気筒
排気量	1397 cc
総重量	1280 kg
燃費	6.8 km/L

ダスター「ルーマニア人の考えるオフローダー」

これは「レジャー」版。折りたたみ可のキャンバストップに、オープン・リアエンド。雨がちの英国向きではない。

一応は四駆だが、作りはお粗末。必要時に四駆に切り替えるタイプ。

これで軍用？

これでオフローダーとは。４×４の文字が笑える。よく軍が納得したものだ。

悪い冗談としか思えない。見かけはオフローダーだが、プラットフォームはルノー12で、最低地上高も低い。つまり、オフローダーとしてはたいして使えない、ということ。

キャビンも贅沢と無縁。ビニル製のダッシュボードはごく普通で、シートの座り心地が悪く、後部座席はやたらと狭かった。

ダットサン・セドリック／
DATSUN CEDRIC／300C

60年代初め、ダットサン（日産）は海外における売上を増やすべく、男性富裕層に向けた大型エグゼクティブカーの輸出を決めた。となれば、車名も男らしいものがいるはずだが、つけたのはなぜか『小公子』の主人公から取った「セドリック」。外国の上流階級に受けるには「英語っぽい名前」がいいと考えたそうだが、セドリックではいかにも古くさくて女々しい。売上低迷は車名のせいだと思ったのかどうかはわからないが、66年、セドリックの名は取りやめた。

日産セドリック（Nissan Cedric）の綴りを換えると、「危機の缶詰（canned crisis）」になる。なんたる偶然。

ただ、そんなクルマにも誇れる点はあった。後輪駆動でフロントからの衝撃に強く、ボディパネルも頑丈だったことから、クルマをぶつけ合うバンガーレースには打ってつけで、スクラップになる前にレース場で大いにいじめられた。

そのため現存しているクルマはほとんどない。死ぬ間際まで激しくぶつかり合ったのだから、結果的に「セドリック」はタフな男、ということか？

どうして男の高級車になんて女々しい名をつけたのか

スペック（2代目後期）

最高時速：165 km/h
加速時間（0〜96 km/h）：10.5秒
エンジン：直列6気筒
排気量：2393 cc
総重量：1300 kg
燃費：7.2 km/L

←このベロアのシートと灰色のプラスチックを見よ。メルセデス・ベンツのまね？

300C

1960~2004年 日本

セドリック／300C「ダメな名前のタフなクルマ」

名前が悪い

セドリックなどという名を付けられては、売れるはずもない。ダメな車名は他にもたくさんあるが、これはメーカーが勘違いした最初期の一例。

どの世代もやけに大きくて扱いにくく、仕上げもさえなかった。

どのモデルもエンジンはまとも。後の300Cは3Lの直列6気筒を搭載、193km/h以上でのクルーズも可能だったが、サスがふわふわでステアリングも甘く、スポーティーとは言えず。

日本車の内装はたいていデザインがぱっとしない。それはセドリックも同じで、装備自体はヨーロッパの最高級車にひけを取らないが、デザインが地味で仕上がりも安っぽい。

ダットン・シエラ
DUTTON SIERRA

この車でいちばん興味深いのは、ダビデ対ゴリアテ的な裁判沙汰かもしれない。大巨人フォードが同社のファミリー・サルーンの車名を勝手に使われたとして、ちっぽけな英キットカー・メーカーのダットンを提訴。だがフォードは準備が不充分で敗け、最初にこの車名を使ったのはダットンだとして、逆に賠償金を払わされる結果になった。この争いを除けば、注目すべき点は何ひとつない。見かけこそオフローダーだが、プラットフォームはフォードのごく一般的な後輪駆動車のそれで、おまけにファイバーグラス製ボディの立てつけも悪かった。

やけに尻の上がったデザインもいただけない。上が重すぎるせいで走りはぱっとしないし、ぼてっとして見た目もさえない。

内装もひと目でフォードがベースとわかる作り。ヒーターのつまみとウィンカーレバーはエスコートのそれで、計器やスイッチ類はトライアンフ、オースチン、モーリス、ローバーといったメーカー製の寄せ集めだ。しかもクルマによって使われているつまみの種類が違うため、壊れた時は面倒だった。

このようにじつにつまらないクルマ。裁判沙汰がいちばん興味深いと書いた理由がわかると思う。

ぼてっとした感じのデザインで、不快感をおぼえる

スペック

最高時速：145 km/h
加速時間（0~96 km/h）：不明
エンジン：直列4気筒
排 気 量：1596 cc
総 重 量：不明
燃　　費：不明

←シエラの内装。ダッシュボードは他メーカーの旧部品の寄せ集めで、どれがどこの社のものか探し当てるのがひと苦労だった。

ダットン・シエラ「フォードに挑み、勝った」

ホイールベースが長く、リアが広いモデルもあり。特に人気のオプションでもなかったが。

オフロードは立ち入り禁止

見かけ倒しとはこのこと。外見はオフローダーだが、中身は普通のクルマ。

機械類のレイアウトも基本的にフォード製（Mk2 エスコートと Mk4 コルチナ）。

最低地上高を高くするためのスプリングはフォード・トランジット製だが、プラットフォームはリア・カートスプリングに至るまでMk2フォード・エスコートのステーションワゴン。

ファイバーグラス製のパネルはサビなかったが、カットが適当で、パネル間にひどい隙間ができ、ドアもちゃんと閉まらないほど立てつけが悪かった。

現代アトス
HYUNDAI ATOZ

90年代後半のクルマの中で、究極的に醜く、運転しても極めつきにつまらない１台をお探しなら、これ以外にない。韓国などではアトス（Atos）の名で売られていたが、英語圏用はエイトズ（Atoz）。だが名前を変えようが変えまいが、結果は同じだったに違いない。とことんひどいクルマで、ボディはやけに角張って不格好だし、スタイリングに調和と呼べるものも一切ないのだから。

それでも中が広くて居心地がいいのならまだましなのだが、このスタイルにするためにわざわざクルマの実用性を犠牲にしているのだから、始末に負えない。トランクは使えないに等しく、ドアは小さすぎるし、キャビンは狭苦しい。これでは、狭い車内をいかに広くできるかが勝負の小型車市場で相手にされるはずもない。

とはいえ、このクルマ、日本や他の韓国メーカーを刺激したのは確からしい。しばらくの間、ホイールベースが短くて背の高い、角張った小型車が市場にあふれたのだから。

ただ、他メーカーは少なくとも内装のレイアウトにもう少し気を配り、それぞれ実用性があると言えるだけのものを作っていた。エイトズとは大違いだ。

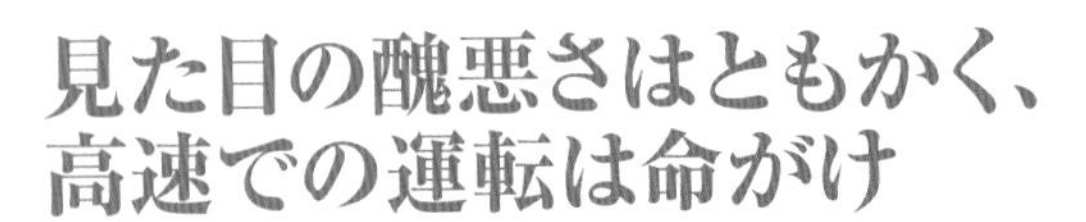

見た目の醜悪さはともかく、
高速での運転は命がけ

スペック

最高時速：140 km/h
加速時間（0～96 km/h）：14.9 秒
エンジン：直列４気筒
排気量：999 cc
総重量：870 kg
燃費：14.7 km/L

↑この家族、エイトズが気に入っているらしい。トランクは小さなカバンとフルーツのバスケットひとつでいっぱいなのに。

アトス「小さくて狭苦しい小型車」

リアウィンドウとテールランプがやけに上にあって、しかも後ろに突き出している。下から無理やり押し上げたようにも見える。

恐ろしいほど使えない

90年代一醜いクルマではないかもしれないが、使えないクルマNo.1の座は確定。中は狭いし、内装は安物感たっぷり。

安物のプラスチック、狭苦しいトランクスペース、最悪のドライビング・ポジション……小型車市場でまるで勝負にならなかったのもうなずける。いろいろな意味で妥協しすぎだし、当然ながら酷評を受けた。

フロントも不細工。丸目のヘッドライトは四角いボディと不釣り合いだし、グリルはまるでウサギの前歯。

小型車のデザインはこうしたらダメ、という見本。リア・ナンバープレートの周りのクロムは、情けないひげに見える。

ラーダ・ニーヴァ
LADA NIVA

タフなオフロード・コースでは、ご機嫌のブタみたいにはしゃぎまくる車。どろどろの土手に飛び込み、ぬかるみの中を進み、汚物の中を嬉々として転げ回るかのごとく泥の中を喜んで走り回る。ただ、曲がりくねった一般道でもブタみたいな走りしかできない。車体のロールが半端でないうえ、ステアリングの正確性は皆無で、背骨を直撃する激しい揺れのおまけまでついてくる。エンジンはラーダ・リーヴァと同じもので、ひどいガソリン食い。作りの質は最低で、黒いプラスチックが張り巡らされた内装は地味もいいところ。ブレーキは効くも八卦、効かぬも八卦と言うしかない、恐ろしい代物。

にもかかわらず、このクルマ、欧州の農家には人気があった。ランドローバーの約1/4の金で買えたからだ。ただ、それ以外の人にはおぞましいクルマで、まあ大丈夫だろうと思って買った者の多くが、自らの楽観さを悔いることになった。公道での走りは最悪で、キャビンは狭苦しくて居心地が悪いし、作りの質もあのラーダと同じ……ひとことで言えば、救いようがなかった。

輸出は1996年で打ち切られた。理由はヨーロッパで施行された新たな排ガス規制に従来のエンジンでは通らなかったから。

ブレーキが効くかどうかは、運転する人の運次第

LADA CLOTHING
Drive in style in these great Lada car coats. Up to date designs, practical styling.
CAR COAT
LIGHTWEIGHT JACKET
BOMBER JACKET

スペック

最高時速：124 km/h
加速時間（0～96 km/h）：22.4秒
エンジン：直列4気筒
排気量：1569 cc
総重量：1172 kg
燃費：9.9 km/L

←あら、おしゃれだこと。ラーダは自社ブランドの服も販売。ニーヴァのオーナーもこれを着れば、さらなるラーダ信奉者になれること請け合い。えっと、そのボンバージャケットをもらおうかしら。

ニーヴァ「ブタみたいな走りの農園車」

後期モデルはアロイホイールやサイドのペイントなどでトレンディさを打ち出した。が、そんな子供だましには誰も引っかからず。

東欧の謎

地元ロシアやその他の旧東欧圏では、いまだ売れ続けている。西側の人間には謎だろうが。

とにかく頑丈なのは確か。ラダーフレーム・シャーシに搭載のコイルスプリングを用いた４輪独立懸架のおかげで、走行安定性は抜群。オフロードでは見事な走りを見せる。ただし悲しいかな、ハンドリングが甘く、乗り心地もガタガタで、一般道ではとてもではないが乗れたものではない。

キャビンは安物の代名詞たる作り。レイアウトが悪く、プラスチック類の質は最低で、シートを被うビニルもおぞましい。

リジェ・アンブラ

LIGIER AMBRA

500cc以下の小型四駆車が人気のフランス。その需要にぴったりのクルマがこれ。免許がなくても運転できるし、法的には14歳でも乗れる。それにもかかわらずアンブラはとりわけ運転しづらいクルマなのだから、運転経験のろくにない人が乗ることを考えるとぞっとする。

キャビンは居心地が悪いし、ブレーキは効かないし、ハンドリングもひどい。同じ速度で同じカーブに入っても同じように曲がってくれないのだから、どうしようもない。

高級に見せるべく、リジェは英ローバー社に協力を依頼。ヘッドライトとテールランプは旧メトロ製で、ラジエーター・グリルもかすかにローバー風だが、どれもこのへんちくりんな見かけの改善には一切役立っていない。超小型のフラットエンジンも最低で、エンジン音がうるさいったらない。それこそ、はるか遠くにいてもアンブラが近付いてくるのがわかるから、歩行者はまず跳ねられることがない。あえて挙げれば、それが唯一の取り柄か。

つまり、どこを取っても最低の1台ということ。

ブレーキがちゃんと効いているとは思えない

←このポスターによれば、「カントリー」と豪華版の両モデルがあるらしい。いずれも最低の運転心地は変わらないが。

スペック

最高時速：100 km/h
加速時間(0~96 km/h)：不明
エンジン：水平対向2気筒
排 気 量：505 cc
総 重 量：不明
燃　　費：21.1 km/L

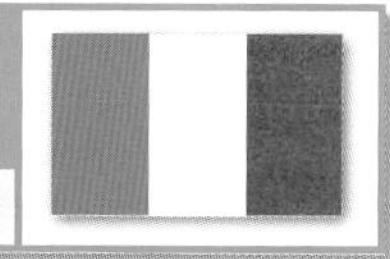

アンブラ「何があっても買っちゃいけない」

子供向け？

アンブラの走りはそれこそ予測不能だから、乗るのは危険極まりない。エンジンが小さいから子供でも運転できる、などと思ったら大間違いだ。

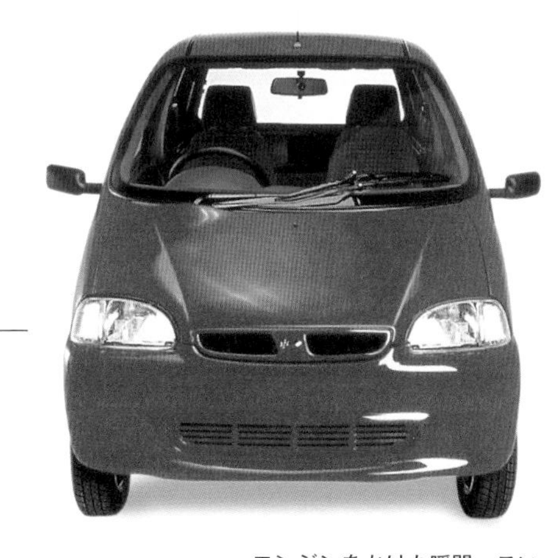

ヘッドライトとテールランプに見覚えが？そのとおり、旧ローバー・メトロ製だ。これで多少は風格が出ると思ったのだろう。

スピードはたいして出ないが、それも当然。なにしろ、ハンドリングが身の毛もよだつほど恐ろしい代物だから、出ないほうが安心だ。コーナーの出口では前輪タイヤの滑りが止まらなくなるし、ステアリングフィールと呼べるものも皆無。サスペンションも目も当てられない設定で、カーブでよろけるのは当たり前。

エンジンをかけた瞬間、こいつはだめだ、と一発でわかる。エンジン音がうるさいうえに、防音的なものはないに等しい。いくらアクセルを踏んでも、のろのろとしか加速しないし。

こいつに快適に乗るには、ちょっとした運動神経が不可欠。ドライビング・ポジションは最悪で、ペダル類が右に寄りすぎ。そのくせシートの調整ができないから、背の高い人が心地よく乗るのは無理。

ロータス・セブンS4

LOTUS SEVEN S4

70年代のカーデザイナーは皆、奇特な考えの持ち主だったらしい。中でもこのロータス・セブンＳ４は、それが如実にわかる典型。どういうわけかは知らないが、ロータス社は完全無欠のオリジナル・セブン（現在でもケーターハムとして生産されている）をさらに改良できると思ったらしい。そこでボディのデザインを一新し、素敵だったアロイボディをわざわざファイバーグラス製に変更。おかげで車高がずいぶんと高くなったし、角が尖っているから、乗り降りの際に注意しないと怪我をすることもあった。

さらにステアリングとサスペンションを変更したおかげで足回りがやわになり、ダイレクトさも減少。それでもパフォーマンスは悪くなかったが、悲しいかな、それだけでは売りにならない。1000台ほど製造しただけで、ロータス社は73年に廃止を決めた。

人気の高いオリジナル・セブンに比べればかなり安く手に入るから、よくわかっている方になら、お勧めと言えなくもない。もっとも、このいかにも70年代らしい無様な姿のクルマに、長らく連れ添うだけの価値があるとは思えないが。

スペック

最高時速：162 km/h
加速時間（0〜96 km/h）：8.8 秒
エンジン：直列４気筒
排 気 量：1598 cc
総 重 量：574 kg
燃　　費：10.6 km/L

オリジナルの美しき合金ボディが味気ないグラスファイバーに

←好き者が自分でも組み立てられるように、キットカーとしても販売された初期のセブン。この方がよほど魅力的。

ロータス・セブンS4「オリジナルは越えられない」

このＳ４はますますオリジナルからかけ離れてしまっている。セブン・ファンなら、なかったことにしたいだろう。

自分で作ればいい

とにかく価値のないクルマ。もっと安い価格で自分だけのケーターハム・セブンを作れるし、そのほうがオリジナルの美しいスタイリングをはるかに楽しめる。

ボンネットはメンテナンスのしやすさを考えて大きく開くようになっている。エンジンはフォード・コルチナ製だが、軽量のＳ４にはじゅうぶん。

痩せている人限定！　少しでも太った人を乗せたら最後、ただでさえ居心地の悪い車内が窮屈でたまらなくなる。シートが小さすぎて、乗るというより、シフトレバーとドアの間に身体を押し込む、といったほうが近い。

完全無欠は下手にいじらないほうがいい。この教訓を学ぶのに、ロータスはかなりの勉強代を支払うことになった。70年代の過剰主義のおかげで、オリジナル・セブンのシンプルかつ美しいラインが台無しだ。

マーコス・マンティス

MARCOS MANTIS

醜さを讃える賞があったら、トロフィーを山のようにもらったに違いない。1970年に登場したこのマンティス、まさに不格好の王様だ。流行のくさび形のノーズに角目のヘッドライト、そして曲線がやたらと強調されたリアエンド。往年のマーコス車ファンはさぞやがっかりしたことだろう。

従来のファンに加えて新たな顧客層を開拓すべく４シーターまで出したが、どちらの層もつかめず。あまりの品のなさに新たなファンは見向きもしなかったうえ、わずかな既存のファンももっと魅力のあるＴＶＲ車に移っていった。結果、マーコス社は1971年に店じまい。マンティスはわずか32台しか製造されなかった。

注目は、マーコスが米国向けに打った宣伝戦略。なんとマンティスはコルベットの上をいくエグゼクティブカーで、買うなら絶対にこっち、と言い切ったのだ。コルベットはアメリカ人がこよなく愛するクルマ。しかもマンティスの半分の価格で、たとえ逆さまにひっくり返して、ボディをハンマーでぼこぼこにしてもずっと格好いいというのに。

スペック

最高時速：203 km/h
加速時間（0～96 km/h）：8.4 秒
エンジン：直列６気筒
排 気 量：2498 cc
総 重 量：1035 kg
燃　　費：6.7 km/L

マーコス車の長年のファンを大いに失望させた

↑人目につかない森の中を走っているのは、こんなクルマのオーナーだと誰にも知れたくないから。

マンティス「マーコスを潰した」

少なくとも車内が広いのは確か。このパフォーマンスを備えた、家族全員が乗れる車は珍しかった。ただ、他の点があまりにもひどかったから、消費者の心を動かすには至らず。

たいしたことなし

従来の顧客よりも、４人乗りが欲しい層に向けた１台が作りたかったのはわかる。だが結局はどちらにもそっぽを向かれた。

キャビンもいいところなし。つまみ類はごく一般的な英製サルーン車から拝借したものばかり。

これほどみっともないクルマも珍しい。史上最醜の１台と言っても過言ではない。デザイナーはよく生産を認めたものだ。

こんな見かけでも、運転して楽しいクルマだったらまだ許せたのだが……。パフォーマンスはごく平凡で、尻を振りまくるから、扱いにくいったらなかった。

マセラティ・ビトルボ
MASERATI BITURBO

マセラティが普通っぽさを出そうとしたクルマ。確かに従来のモデルよりは安いし、見かけも一般的。ＢＭＷ635やジャガーＸＪＳあたりを意識したのだろうが、いかんせんスタイリングが悪すぎる。スポーツクーペと謳っているが、80年代のアメ車のセダンと変わらないくらい退屈なデザインだ。内装が美しいのは救いだが、それだけではどうしようもない。

ターボラグがひどいのも困りもの。スタートはとんでもなく鈍いくせに、Ｖ６のツインターボが入ると突如スピードアップ。シャーシはお粗末だから、カーブの途中でターボに入ったりすると、恐ろしいほどのオーバーステアが起きることに。

1987年にはコンバーチブル・モデルも登場したが、これはかなりのレアものだ。ルーフを取っ払ったおかげで見かけは多少良くなったが、そのぶんボディの剛性が下がり、もともと悪いハンドリング性能がさらに落ちる結果に。ボディの歪みのせいで、ひどい時はダッシュボードのエア吹き出し口がガタガタになることも。

カーブの途中でターボに入ると恐ろしいほどのオーバーステアが起きた

←「現代のクラシック」と謳っているが、その意気込みをデザイン部門にもちゃんと伝えないと。

スペック

最高時速：203 km/h
加速時間（0～96 km/h）：7.3秒
エンジン：V型6気筒
排気量：2491 cc
総重量：1233 kg
燃費：8.9 km/L

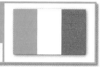

ビトルボ「制御不能のクルマ」

ターボはいいけれど

問題は名前の由来でもあるツインターボ。気まぐれと言えるほどいつ入るかわからないし、いったん入ったら、かなり腕の立つドライバーでも扱いに難儀した。

４ドアよりはまだ２ドアのほうがまし。とはいえ、他のイタリア車に対抗できるほどの魅力はないが。

内装の贅沢さはさすがイタリア車。シートは美しい手縫いのレザー製、スウェードもふんだんに使われ、ダッシュボードの計器類はゴールドで縁取り。

派手さや突飛さを抑え、シンプルゆえの上品さを狙ったのだろうが、結果的にはどこにでもある見かけ。クライスラー・ル・バロンにそっくりだ。

ハンドリングは鳥肌ものの恐ろしさ。激しいターボラグと最低のサスペンション・セッティングも手伝って、Ｖ６エンジンのパワーにまるで対応できず。ちょっとしたことですぐにスピンを起こした。

マセラティ・クアトロポルテ3

MASERATI QUATTROPORTE 3

先代、先々代は魅力的なラグジュアリー・サルーン。ところがもっとグローバルな人気の1台が欲しかったマセラティは米国向けに3代目を製造。当時のアメ車みたいなスタイリングなのはそのせいで、やけに角張った姿がシェヴィー・カプリスに似ている。おまけに作りの質も悪く、ハンドリングも最低、サスペンションはふわふわで、ステアリングも軽すぎ。マセラティといえばスポーツカーという40年近く続いたブランドイメージをたたき壊したクルマだ。

これ以上ないくらい滑らかな道路でもあっちへふらふら、こっちへふらふら。はっきりいって、いちばん乗り心地がいいのは止まっている時。それならば車酔いの心配なくシートにゆったりと身を預け、内装の落ちついた雰囲気を味わえる。マセラティとは思えないお粗末な出来の、これといった個性のない1台。

スペック

最高時速：220 km/h
加速時間（0〜96 km/h）：7.1 秒
エンジン：V型8気筒
排 気 量：4136 cc
総 重 量：1950 kg
燃　　費：5.1 km/L

マセラティといえば
超高級なスポーツカーという
ブランドイメージをたたき壊した

↑マセラティといえば、品と華のあるデザインで知られるメーカー。それだけに、このいかにもさえない風体をしたクアトロポルテ3は不評を買った。

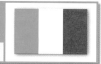

クアトロポルテ3「止まっている時がいちばん乗り心地のいい」

イタリアの優美

見かけも作りも悪いが、そこはさすがイタリア車。内装はじつに豪華で、デザインも落ちついている。シートに身を預けていると、外見や作りの悪さも許せそうな気がしてくる。いや、あくまで気がする、だけだが。

横から見ると、その角張った図体のでかさが際立つ。マセラティ伝統のスポーツカーとは似ても似つかない。

「クアトロポルテ」の響きは魅惑的で、なんだかセクシーな感じまでするかもしれない。が、実はたんに「4ドア」の意。

取り柄はエンジン。マセラティ製のV8はかなりパンチのある走りをくれるし、エキゾーストノートも素敵。

期待は大きかった。プラットフォームのデザインと製造はかの有名なスポーツカー・メーカーのデ・トマソ。それなのに、やわすぎるサスと軽すぎるステアリングのせいですべて台無しに。

マトラ・ランチョ

MATRA RANCHO

クルマとしては欠点だらけだが、ひと目でそれとわかるデザインには見るべき点が多い。いろいろな意味で時代の先を行っていたクルマだ。レンジローバーの大成功に続けとマトラ社が送り込んだ、高価な四駆をつけずに多少は値段を抑えたオフローダー風。フロントはシムカ1100だが、ファイバーグラス製のリア部はかなり個性的で、7人乗りのオプションまであった。人気を博してもよかったのだが、いかんせん作りが悪く、リアはファイバーグラス製だからサビないように見えて、その下の鋼部分はすぐボロボロになった。

パフォーマンスについても、見かけに反してオフローダー的な能力は皆無。この手の外観のタウンユース車は今でこそ一般的だが、当時は理解されなかった。

それが残念でならない。もしもランチョが成功していれば、青息吐息だったクライスラー・ヨーロッパ・グループも救われていたかもしれないからだ。だがそれはあくまで、「たられば」の話。現実にはサビ、平均以下の信頼性、当時としては珍奇な外観のせいで、まるで売れなかった。

1台のクルマとしてより、後世に影響を与えた1台として語られることが多いこのランチョ。発想は悪くなかったが、抜群とは言えなかった。

デザインが最悪でまともに売れなかった

←これは1981年の広告。5,400ポンド（12,000ドル）は、当時にしては高かった。

スペック

最高時速：144 km/h
加速時間（0～96 km/h）：14.9秒
エンジン：直列4気筒
排 気 量：1442 cc
総 重 量：1179 kg
燃　　費：11.3 km/L

ランチョ「レンジローバーの出来の悪い親戚」

オフロードでがんがん行けそうな見かけだが、中身はシムカ1100。ごく普通の前輪駆動車だ。

影が薄い？

失敗の具体的な原因を挙げるのが難しいクルマ。見かけはぱっとしないが最悪ではないし、サビの問題は当時なら珍しくなかったし。要するに、全体にお粗末だったということ。

実用性はある。トランクスペースはかなり広く、テールゲートはレンジローバーと同じで上下に分かれて開くタイプ。しかもリアシートはフラットにできた。

リアはファイバーグラス製だったからわからなかったが、サビはその下の鋼を着々と侵攻。気づいた時には手遅れに。

四駆な外見とごく普通の中身の組み合わせ。デビュー当時は悪い冗談だと思われていたが、今になってみれば、後の「ソフトローダー」世代の先駆けにほかならない。

MGモンテゴ

MG MONTEGO

一度しくじっても、くじけずにもう一回やる。それがオースチン・ローバー社の方針だったのだろう。マエストロのMG版で大コケしたくせに、こりずにこの車を出してきたのだから。マエストロよりはましだが、伝統あるMGの名を付けるのはいかがなものか。筋金入りのファンは、愛してやまないメーカーの変わり果てた姿に怒りを覚えたに違いない。エンジンはそれまでの2.0Lモンテゴと同じ2.0Lの燃料噴射装置付きで、走りはごく普通。違いらしい違いはデジパネと赤いシートベルトくらいだが、相変わらずサビに弱かったせいで、イメージアップにはつながらなかった。

1985年に登場したターボモデルはターボラグとトルクステアの問題はあったものの、まずまずの出来。MGマエストロと同じボイスアラームもついていたが、ひとつ違いが。「オイルレベルをチェックしてください」と警告したマエストロに対し、モンテゴは「オイルレベルをチェックしてもらってください」。庶民の車マエストロのオーナーは自分でやるだろうが、より高級なモンテゴのオーナーは修理に出すだろう、ということか。まあ、そのとおりだろうが。

スペック

最高時速：187 km/h
加速時間(0~96 km/h)：9.5 秒
エンジン：直列4気筒
排 気 量：1994 cc
総 重 量：1090 kg
燃　　費：12.9 km/L

筋金入りのファンは、愛しのメーカーの変わり果てた姿に怒りを覚えた

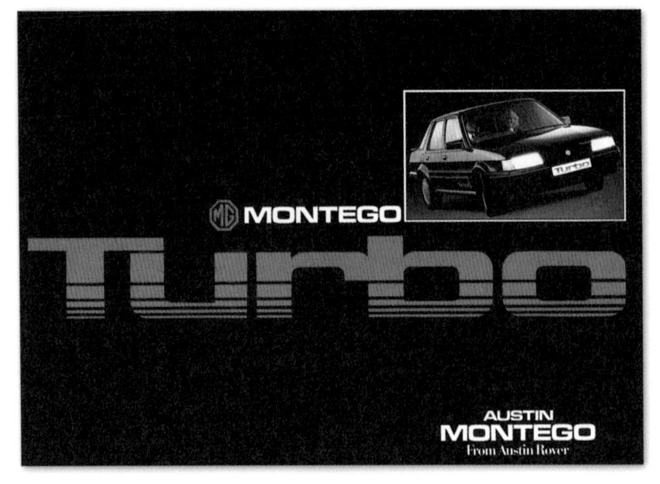

←80年代当時、スポーティーに見せたいなら、赤と黒が必須だった。もっとも、肝心のスタイリグがこれではどうしようもないが。

モンテゴ「奇怪なMG車パート2」

ファンを遠ざける方法

マエストロに続き、モンテゴでもファンを遠ざけたオースチン・ローバー社。普通は一度失敗したら何かしら学ぶものだが、このメーカーはMGブランドを葬る棺に釘を打ち続けた。

このリアスポイラー、見かけよりはるかに重かった。手で押さえていないとトランクリッドが重さで閉まってしまうほど。

サビに弱いことで知られていたモンテゴ。このMG版も大差なかった。しかもホイールアーチがプラスチック製だったから、手遅れになるまでオーナーはサビに気づけないのも問題だった。

ターボモデルは、ある意味「面白い」ハンドリングが味わえた。ターボが入ると、前輪がグリップを求めてもがき、そのあまりの勢いにドライバーがステアリング・ホイールを取られそうになることも。

80年代に大流行したデジパネはMGモンテゴにも搭載。ＬＣＤタコメーターははじめ緑色で、回転が上がると黄色になり、ギアを変えるタイミングで赤に変わった。

ナッシュ・メトロポリタン
NASH METROPOLITAN

ナッシュ社長ジョージ・メイソンの思いが込められた1台。英オースチンと共同生産したクルマで、目指したのは米市場になじみのあるスタイリングを備えた低維持費の小型車。オースチンはコンパクト・カー作りに定評があったのだが、結果は悲惨なことに。

スタイリングは正気とは思えないほど安っぽいし、ボディはサビにめっぽう弱かった。中身は50年代のごく一般的なオースチン車だから、ハンドリングは良くて不安定、ひどい時は危険極まりない代物。ブレーキの効きも最悪で、止まるかなり前から踏まないとならなかったし、急制動能力はゼロに等しかった。

ただ、ナッシュもオースチンもうれしくはないだろうが、後世に影響は与えた。このクルマ、電気で動くいわゆるバンパーカーの元になったのである。世界中の巡回遊園地で、このクルマのミニチュア版に乗った人々がぶつけ合いに興じる姿は、ナッシュの理想からほど遠かった。

スペック

最高時速：121 km/h
加速時間(0〜96 km/h)：24.6秒
エンジン：直列4気筒
排 気 量：1489 cc
総 重 量：945 kg
燃　　費：11.7 km/L

ハンドリングは良くて不安定、悪くすれば危険極まりなかった

↑見れば見るほど疑問が湧いてくるクルマ。中でもどうしても答えてもらいたい謎がこれ：どうしてまたバレリーナがビーチで水上スキーを持ってるの？

メトロポリタン 「バンパーカーの元になった」

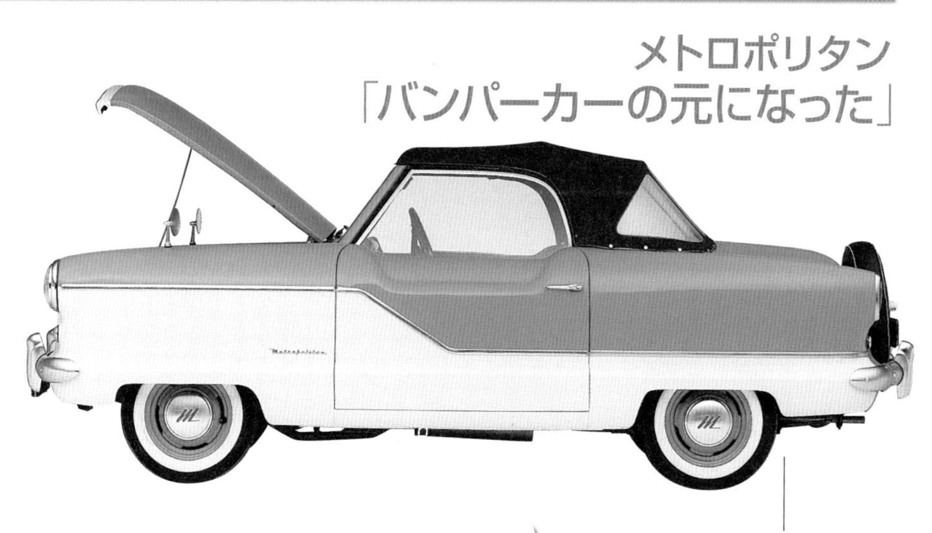

見かけがひどいうえに、実用的でもなかった。当初はトランクリッドがなく、キャビンは狭苦しかった。

不細工なうえに使えない

見かけがひどいうえに、実用的でもなかった。当初はトランクリッドがなく、キャビンは狭苦しかった。

エンジンは信頼性の高さが保証されていたBMCのBシリーズ。だがそのパフォーマンスにシャーシとブレーキがついて行けなかったため、慎重に運転しないと危ないことこの上なし。

ベースはオースチンA40。スポーティーさのかけらもないこのクルマ、ステアリングは重く、乗り心地はガタガタで、ハンドリングも恐ろしい代物だった。

マイナーチェンジまでトランクリッドがなく、荷物の出し入れは後部座席を倒すしかなかった。

日産サニーZX

NISSAN SUNNY ZX

コンパクトなパフォーマンスカーの人気が復活した80年代半ば、その波に乗るべく日産が送り込んだ1台。プジョー205GTI 1.9やフォルクスワーゲン・ゴルフGTI 16vといったかなりの強敵の打倒を目指しただけあり、1.8Lのツインカム・エンジンはなかなか活きが良かったが、その他の点は正直、お話にならなかった。

リアスポイラーとサイド・スカートは立てつけが悪いうえ、ついていても箱を思わせる角張ったイメージはごまかせなかったし、アロイホイールは派手なだけで、センス・ゼロ。乗り心地も最悪で、路面のでこぼこがひとつ残らずシート越しに尻を直撃。ハンドリングはまずまずだったが、同じような価格帯のライバルらには遠くおよばなかった。

乗り心地は最悪で、路面のでこぼこがひとつ残らずシート越しに尻を直撃

1.4Lと1.6Lのタイプもあったが、いずれもパワーが著しく劣るだけで、見るに堪えないほど無様なスタイリングと許し難いほど不快な乗り心地は変わらず。まさか、がっかり度をさらに増そうとしたわけではないだろうが、後にアロイホイールがプラスチック製のホイールキャップに替わり、スポーツシートもツイード張りのシックなものに変更。素晴らし過ぎて、言葉も出ない。

何から何まで意味不明の1台。売上の数字がそれを証明している。

←「お腹いっぱいを満喫しながら、スタイルを維持するにはどうしたらいい？」さあ、どうでしょうね。ただその答えがこのクルマと何の関係もないことだけは、確かですが。

スペック	
最高時速	200km/h
加速時間（0～96km/h）	8.6秒
エンジン	直列4気筒
排気量	1809cc
総重量	1117kg
燃費	10.1km/L

サニーZX「日陰を歩いてれば？」

ノンパフォーマンスカー

日産としてはコンパクト・パフォーマンスカー市場に入りたかったのだろうが、結果は見事に失敗。見かけはやけに角張っていてみっともないし、走りも機敏ではあったが、物足りなかった。

似合う？　後付けのリアスポイラーにサンルーフでおめかし。

もとからぱっとしないのに、余計なキットを付けたことで、ダサさが際立ってしまった。

日本車らしく、内装は地味も地味。ダッシュボードは安物のプラスチック製で、計器やスイッチ類の配置も適当。

速いことは速かった。この1.8Lのエンジンは間もなく小型スポーツカー市場で人気を博し、ライセンス使用されることに。

オールズモービル・トロネード
OLDSMOBILE TORONADO

ハイパフォーマンスを誇るスーパーカーは普通、前輪駆動にしないものだが、あえてそれをしたのがこのGM車。驚いたことにこの試みが見事に当たり、後輪駆動のライバル車よりもはるかに活きが良く、グリップ力にも勝るクルマに仕上がった。だが皮肉にも米国人消費者には理解してもらえず、前輪駆動のパワフルカーというだけで毛嫌いされた。結果、莫大な資金を投じて作られたものの、その出来に見合うだけの利益を手にできなかった。さらに前輪の減りが激しく、燃費も悪く、ドラムブレーキの効きも甘かった。メーカーの気概と技術者の腕の良さが現れてはいたが、売れなかった。

クルマとしての寿命が短かったのも、不人気に拍車をかけた。GMはパフォーマンスの向上には金を惜しまなかったが、そのぶん、作りの質をおろそかにしてしまったのだろう。大きなリア・ホイールアーチは泥と水がたまりやすく、すぐにサビついた。さらにステンレスのシルカバーもサビの温床で、土台の劣化を加速させた。

スペック

最高時速：208 km/h
加速時間（0~96 km/h）：8.1 秒
エンジン：V型8気筒
排 気 量：7446 cc
総 重 量：2102 kg
燃　　費：5.3 km/L

メーカーの気概と先進の技術はあったが、事実として売れなかった

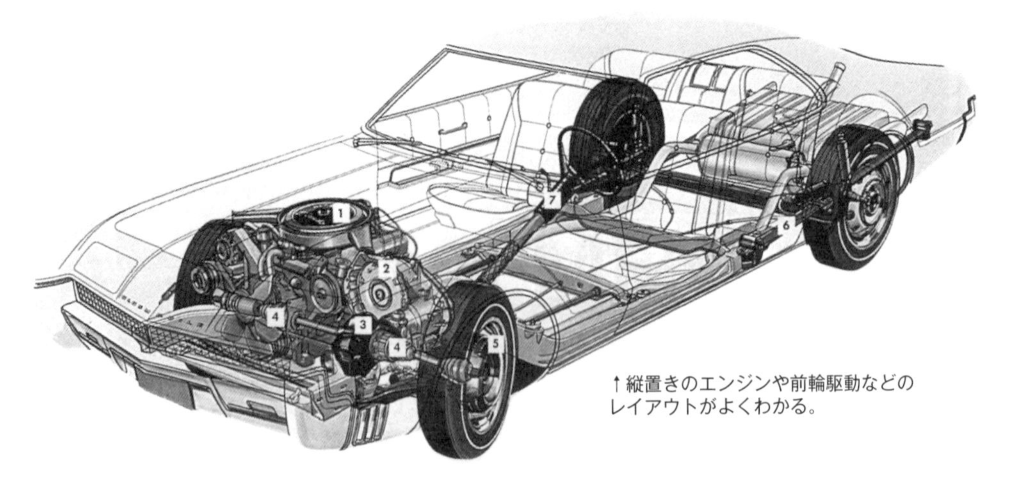

↑縦置きのエンジンや前輪駆動などのレイアウトがよくわかる。

トロネード「砂上の家」

前輪駆動

このクルマの登場から40年以上たった現在、米自動車メーカーたちはようやく前輪駆動の良さに気づいたらしい。GMがトロネードの失敗を忘れるまでにはかなりの時間がかかっただろうが。

リアアクスルなどによる邪魔がないぶん、トランクは当時のアメ車の平均よりも広かった。

当時、前輪駆動を導入していた米自動車メーカーは他になく、しかもこのサイズのクルマにしてはハンドリングもなかなかのものだったが、消費者の心はつかめなかった。パフォーマンスカーは後輪駆動との先入観を払拭できなかったのが敗因。

パフォーマンスは驚愕もの。エンジンは7.4LのV8で、最高速は210km/h。

かなりの大型車で、スタイリングにも妥協はない。だが経年とともに巨大なパネルはサビにまみれたし、Aピラーのサビのせいでドアがヒンジから落ちることも。

パンサーJ72

PANTHER J72

同じ金を出せば、比べものにならないほど出来のいいV12ジャガーEタイプが買えるほど高い価格設定も悪いが、問題は他にもある。見栄っ張りな金持ちの遊び道具として作られたもので、ジャガーSS100の丸写しなのだが、クロム・アロイホイールにバケットシート、ビニル張りの内装など、いかにも70年代風の悪趣味な諸々も付いている。エンジンは気合いの入ったジャガー製だが、空力が悪いせいでパフォーマンスはぱっとせず。スピードを出すとフロントが上がり、ドリフトを起こしやすかった。

しかもステアリングが直接結合しているためにむっとするほど重く、パワーの連絡がまるで洗練されていないから乗り心地は悪いし、作りは雑。ひとことで表せば、品格がなかった。

夜の運転がまた恐ろしかった。左右のヘッドライトの位置が近すぎるため、照射範囲が狭くて視界が悪いうえ、対向車の運転手がトラクターかと思ってしまい、直前に来るまでこの広い車幅に気づいてもらえない、という危険もあった。数少ない現存車にはほぼすべて、泥よけの端にマーカーランプが付けられているが、それにはしかるべき理由がある。

細部へのこだわりはわかるが、仕上げがお粗末すぎた

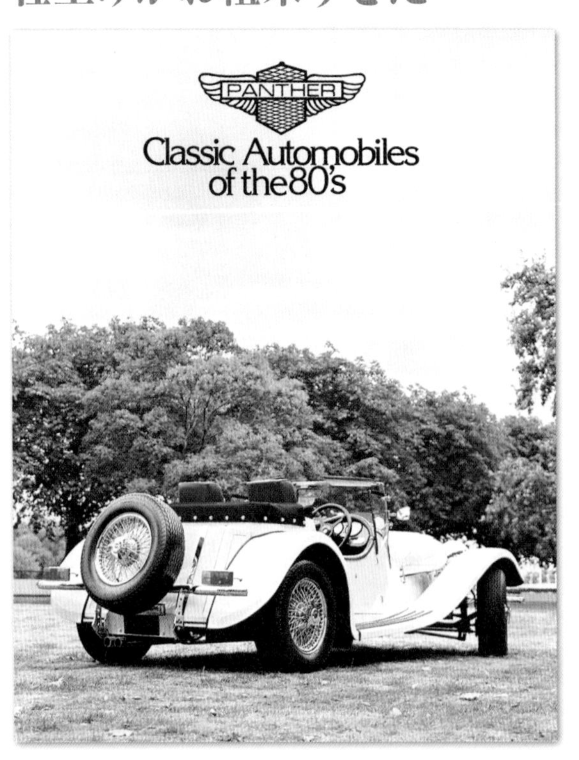

スペック

最高時速：193 km/h
加速時間(0～96 km/h)：6.6秒
エンジン：直列6気筒
排気量：5343 cc
総重量：1260 kg
燃費：6.9 km/L

←「80年代のクラシック」と謳っているが、本書的には、80年代の名車といえばアウディ・クアトロやプジョー205GTI。30年代風のあれこれを寄せ集めた下品な車ではない。悪いね、パンサーくん。

パンサー J72「のろまな豹」

70年代はキッチュの時代。当時、捨てるほど金を持っていた者にしてみれば、このクルマは打ってつけの商品だった。

安っぽい偽物

オリジナルの品格を継承していればもう少し売れたかも。趣味の悪い金満主義がクルマの売上増につながらないことは、歴史が証明している。

名車ジャガーSS100を模造しようとする行為は、筋金入りのファンにしてみれば屈辱以外の何ものでもなかっただろう。しかもこの徹頭徹尾けばけばしい姿を見せられては、なおさらだ。批評家からも、品性のかけらもないと酷評された。

少なくとも、エンジンはジャガーの純正。エントリーモデルはXJ6サルーンの直列6気筒を、上級クラスはXJ-SとEタイプのV12を搭載。

作りが雑で、シャーシは馬力のあるエンジンに耐えられるものではない。結果、すぐに尻を振るクルマで、乗りこなすのがひと苦労だった。

リライアント・ロビン／
RELIANT ROBIN / KITTEN

英国におけるファイバーグラスの第一人者リライアントによる、かなり特異なシリーズ。その最高級クラスがシミターのスポーツクーペで、中間はなく、いちばん下がこのロビン。おそらく世界一有名な三輪車だ。で、ご覧のとおり、クルマとしての出来は最低。4気筒のオールアロイ・エンジンは活きが良いのだが、その性能をフルに生かすのは不可能。コーナーを攻めると、必ずこけるのだから。

それよりは多少まともなのがキトゥン。車輪の数がひとつ多いことを除けば基本的に同じクルマだが、当然ながらバイクの免許では運転できないし、価格も高い。大胆にも、他のもっと出来のいい小型車並みだった。

にもかかわらず、ロビン、キトゥンともになかなかの売れ行きを見せ、その結果、大半の、というか投資家の予想を見事に覆し、リライアントは生きながらえた。これは筆者の勝手な想像だが、ほぼ唯一の顧客だった英国老年層はロビンとキトゥンが好きすぎて、このシリーズがなくなったら一大事と、必要以上に買い換えたのかもしれない。

スペック

最高時速：126 km/h
加速時間（0～96 km/h）：19.6秒
エンジン：直列4気筒
排気量：848 cc
総重量：522 kg
燃費：14.2 km/L

本気でコーナーを攻めると、必ずこけた

kitten
DWX 681P
The car built to stay young.

←「若さを保つためのクルマ」ですか。なるほど、購買層の平均年齢は優に60歳を越えていたけれど。

キトゥン

1974〜89年 イギリス

ロビン／キトゥン「ピーターパン症候群のクルマ」

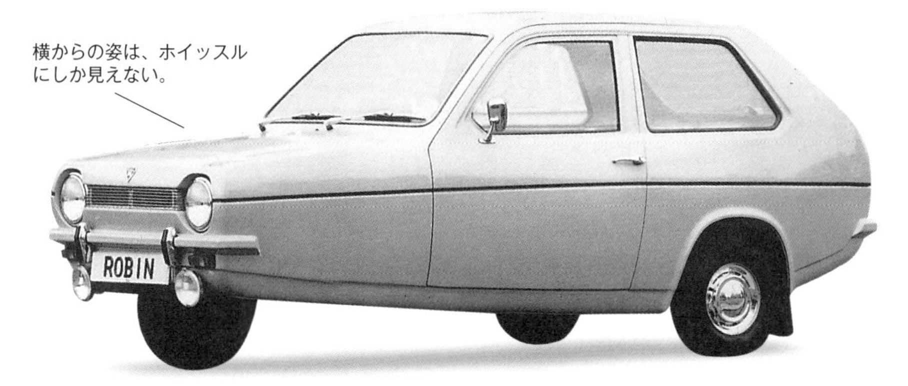

横からの姿は、ホイッスルにしか見えない。

お手上げ

キトゥンはまだいい。反応が意外にも機敏な点は褒められる。だがロビンは話が別。擁護しようにも、しようがない。

キトゥンは走りが驚くほど機敏で、ハンドリング性能はミニと肩を並べるほど。だが三輪のロビンはご覧のとおり不安定だから、コーナーを攻めるなどもってのほか。

ファイバーグラス製のボディは丈夫でサビを寄せ付けなかったし、シャーシはごくシンプルな作りだから修理に手間と金がかからなかった。つまり、長生きだったということ。

オールアロイ・エンジンはリライアントの純正。小さい割に活きが良かった。

セアト 1200スポルト

SEAT 1200 SPORT

セアトはスペインの自動車メーカーで、およそ20年間フィアットをライセンス生産していたが、ついに独自に開発したクルマを発表する。それがこの1200スポルトで、コストを抑えるためにフロアパン、エンジン、トランスミッションはフィアット128のものを使用。内装はセアトが自ら手がけたのだが、悲しいかな、出来上がったのは世界一無様なスポーツカーだった。箱っぽいクーペの形自体はさほど悪くないのだが、問題は黒いポリウレタン製のノーズ。みっともないことこの上ないし、素人考えで後から付け足したとしか思えない。内装も同じくみっともない出来で、デザインはともかく、張り巡らされた黒いプラスチック類はすぐに外れて落ちるほど作りが悪かった。

ただ、セアトにはありがたいことに、スペインの温暖な気候のおかげで、サビ問題が顕在化するのはしばらく後のことだった。もっとも、結局はサビにむしばまれたのだが。文字どおりぐずぐずに崩壊するクルマもあったとか。

スペック

最高時速：160 km/h
加速時間（0～96 km/h）：13.7 秒
エンジン：直列 4 気筒
排 気 量：1197 cc
総 重 量：805 kg
燃　　費：11.0 km/L

出来上がったのは
世界でいちばん醜いスポーツカー

↑茶色のベロアと黒いビニル、さらに2本スポークのステアリング・ホイール。趣味の良し悪しはともかく、ラテン系の男らしさは感じさせる。外れて落ちるまでは、の話だが。

セアト1200スポルト「醜いアヒルの子」

いえ、本当にいいんです、
自転車で行きます。その
ほうが安心ですから……。

プラットフォームもフィア
ット製で、グリップ力とハ
ンドリング性能はまずまず。
細部にもっと気を配ってい
れば、いいクルマになれる
可能性はあったのに。

エンジンもフィアット製
で、128サルーンと同
じもの。「スポルト」を
名乗っているが、パフォ
ーマンスカーではない。

走りはなかなか

運転が楽しいクルマではあった。
国有企業が開発、生産した唯一
のスポーツカーでもあった。

セアトが初めて独自に生産した点は買うが、出来は
最低。基本的に安く上げたクルマで、ポリエチレン
製のノーズは高温にさらされると歪んでガタガタに。

スバルXTクーペ

SUBARU XT COUPE

ラリー界に旋風を巻き起こす前、スポーティーなクルマ作りに手を出していたスバル。そこで、パフォーマンス重視のイメージを打ち出すべく送り込んだクルマが、これ。外見がぱっとしないのは一目瞭然だが、中身の設計も同じくさえなかった。プラットフォームは1800サルーン。世界中の農家に愛されているピックアップ・トラックのベースになったクルマだけに、スポーティーな走りが期待できるはずもない。ただ、乗り心地はガタガタとはいえ、四駆の出来はまずまずだった。

ターボラグさえ気にしなければ、パワフルなエンジンはなかなかの出来。未来的なデザインが施された全面プラスチック製の恥ずかしいダッシュボードを誰かに中を覗かれる前に、その場からダッシュで逃げられる。

さらにひどいデザインなのが、ステアリング・ホイール。2本または3本スポークが一般的だが、これはなんと太いL字型。おかげでステアリングがどっちに切られているのかがわからないという困りものだった。まあそれでも、四駆のおかげで窮地はなんとか脱出できたが。

デザインの失敗は一目瞭然、つくりもお粗末だった

←この農家の親父、どうやら息子に怒っているようだが、無理もない。使い勝手のいいピックアップ・トラックを買ってくるとばかり思っていたのに、こんなみっともないクーペを連れ帰ってきたのだから。

スペック

最高時速：190 km/h
加速時間（0〜96 km/h）：9.5秒
エンジン：水平対向4気筒
排気量：1781 cc
総重量：1135 kg
燃費：9.2 km/L

スバルXTクーペ「道を誤ったクルマ」

この時代の日本車らしく、サビに弱かった。まずシルが侵され、次第にボディ全体がむしばまれていった。

若作りはみっともない

本章で取り上げた理由は、なんといっても醜い姿にある。エンジンがなかなかパワフルでも、このおぞましいルックスは許し難い。若者層を狙ったのだろうが、あっさりとそっぽを向かれた。

スポーティーな車を欲しがる若年層を狙ったのだろが、読みが甘かった。デジタルメーター類と未来派を意識した安っぽいプラスチック類は、逆にダサイとばかにされた。

スバル車だから当然、水平対向エンジンにフルタイム四駆を搭載。運転するにはいいクルマだったが、見かけがひどすぎるせいで、誰も寄りつかなかった。

ウェッジシェイプはもう時代遅れだったのに、誰も教えてやらなかったのだろうか。いわば、車高の高いトライアンフTR7だ。

スズキ X90

SUZUKI X90

思いきりの良さは認めるが、他に見るべき点が何もないクルマ。世界のクルマ市場がますます隙間を狙う流れにあった1997年、スズキは独自のジャンルの開発に挑み、なんと2シーターで四駆のオフロード車を投入する。世界初の勇気ある試み、のはずだった。

だが実際には古くさくてさえないビターラ（エスクード）と大差なく、しかもエンジンはパワーの劣る1.6Lで、サイズを小さくしたために実用性も減少。キャビンは航空機のコックピットかと思うほど狭苦しく、速くもなければ、スポーティーでもないし、オフローダーというわけでもない。はっきり言って、使えないクルマだった。どうしてまたこんな代物を作ったのか理解に苦しむ。それでも見かけがまともだったなら、ノベルティカーやしゃれという言い訳も通用したかもしれないが、調和が微塵もないこの外観ではそれも無理。意味不明だ。

スペック

最高時速：179 km/h
加速時間（0〜96 km/h）：10.5 秒
エンジン：直列4気筒
排気量：1590 cc
総重量：804 kg
燃費：10.6 km/L

速くもなければスポーティーでもなく、オフローダーでもなかった

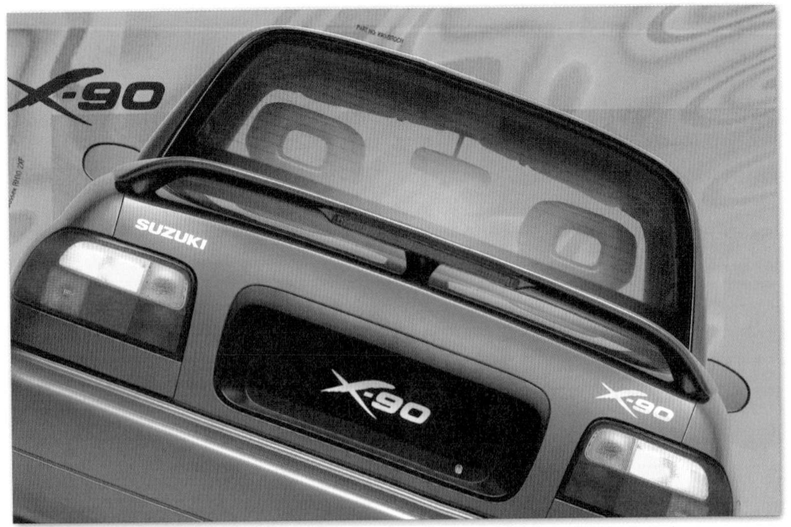

↑パンフレットの表紙にテールしか載せていないのは、おぞましい姿を見せたくなかったからだろう。ページをめくった瞬間、真の恐怖が目に飛び込んでくる。

スズキ X90
「世界初の2シーター・オフローダー」

ルーフを取れば、風を切って走れるし、みっともないクルマに乗っている恥ずかしい姿を人様に思う存分さらせられる。

エンジンはビターラと同じもので、特に速くもなければ、洗練されているわけでも、燃費がいいわけでもない。満足のいく買い物だったと思う人はまずいなかっただろう。見事なまでの駄車。

米国の従兄弟

米仕様モデルは輪をかけて醜い。安全基準のせいでフロント・バンパーを分厚くし、サイド・マーカー・ランプも付けなければならなかったからだ。おかげで、この妙ちくりんなスタイリングがなおさら際立つことに。

四駆？　それともクーペ？　ルーフの感じは後者だが、全体の形はベース車のビターラ（エスクード）にそっくり。

オフローダーがベースのくせに、その手の魅力は皆無。サスペンションがぱっとせず、乗り心地は最悪。

トヨタ・クラウン

TOYOTA CROWN

1970年代前半、海外輸出を始めた当初のトヨタの成功は、手頃な価格で作りもまともだが、見かけは当たり障りのないサルーンとクーペ人気に支えられていた。ただし例外もある。それが、このクルマ。1971年に登場したクラウンのシリーズ2は、日本のメーカーが高級車市場をいかに勘違いしていたかを教えてくれる完璧な例だ。大型で中が広く、装備も充実しており、オートマ仕様で、高いパフォーマンスを兼ね備えていた。

が、トヨタは最も大切な要素の考慮を怠っていた。スタイリングである。欧米人は個性的な格好のクルマが好きだと聞きかじったのだろう。それならば、ということでトヨタが作りだしたのが、調和のかけらもない、不快極まりない形のこれだった。正直、公道の恥さらしだ。

スペック（S60 4代目）

最高時速：162 km/h
加速時間（0～96 km/h）：14.1 秒
エンジン：直列6気筒
排 気 量：2563 cc
総 重 量：1428 kg
燃　　費：7.8 km/L

調和を欠く見苦しいスタイリングは、道路に対して失礼なほど

5代目はやりすぎ以外の何ものでもない。
豪華さの意味をはき違えた典型。

クラウン
「王座(クラウン)からほど遠い古き悪しきトヨタ車」

4代目初期型のほうがまだまし。後期型は巨大なクロム・グリルや段差のあるスタイリングのせいで醜悪。

オリジナリティは高かったんだが

当時の米国車的なデザインを採り入れたが、未消化のまま市販されてしまったようだ。クロムメッキやラインの処理など煮詰めが足りないのは明らか。

ラグジュアリーカーに上品な内装は欠かせないのだが、そんな基本的なこともトヨタのデザイン部門は知らなかったのだろうか。ベロアは悪趣味もいいところだし、ぺかぺかの黒いプラスチックは安いモデルのクルマに使われていたのと同じもの。

3代目ではエグゼクティブ層の目を引こうと必死だったのだろうが、これはやりすぎ。クロムノーズと丸目４灯のヘッドライトは見るに堪えない。

サビ問題もついて回った。作りが格別いいわけではなく、シル、ドア、飛沫除け、トランクフロアがみるみるうちにサビにむしばまれた。

トラバント601

TRABANT 601

トラバントはその約30年の生涯において一度だけ注目を浴びたことがある。それは20世紀における最も重要な出来事に数えられる瞬間でのことだった。1989年、ベルリンの壁が崩壊して東西ドイツが再びひとつになると、この元東ドイツ車がブランデンブルク門を大挙してくぐる姿が全世界に流れた。トラバントは多くの人々に自由を与えたクルマであり、貧しい者たちの大切な移動手段であり、なくてはならない存在として国民に広く愛されていた。

では、いいクルマだったかというと、それとこれとは話が別だ。実際、トラバントほどひどいクルマも珍しい。ボディは段ボールを圧縮したデュラプラストなる素材でできているし、2気筒のエンジンは排気ガスをまき散らす代物で、パフォーマンスがいいはずもなく、ギアシフトは世界最低レベルと、文字どおりのダメ車。不思議と魅力がないとはいえないのだが。

東ドイツ崩壊後、トラバントはフォルクスワーゲン・ポロの水冷4気筒エンジンで新装を図られたが、かえってハンドリングの問題と粗悪な作りが浮き彫りになっただけだった。結局、ワーゲンのエンジンを積んだモデルが作られたのは1年間だけで、トラバントは生産を打ち切られた。とはいえ、貧しい東欧圏ではいまだ、日々の足として活躍中だ。長寿を祈る。

ギアシフトは世界で最低のレベルだった

ICH FAHRE EINEN

TRABANT

Typ 601 Standard Sonderwunsch
S de luxe universal

mit Kontroll- und Reparaturtips

transpress

←「イッヒ・ファーレ・アイネン・トラバント」とは「私はトラバントに乗ります」の意味。かつて、元東ドイツ共和国民の誰もがそうしていた。

スペック

最高時速：100 km/h
加速時間（0~96 km/h）：不明
エンジン：水平対向2気筒
排気量：594 cc
総重量：615cc
燃費：14.7 km/L

トラバント601「東ドイツの自由の象徴」

サルーンの他に、ステーションワゴン・モデルもあった。サルーンと比べて値も張ったが。

車内のデザインはよく考えられている。大人４人がゆったりと座れるし、作りは簡素だが、乗り心地は意外に悪くない。

ボディの素材は「デュラプラスト」。簡単にいうと圧縮した段ボールをプラスチックで被ったもので、非常に廉価だった。ただ、衝突にはご注意を！

国境へ急げ

ドイツ再統一の象徴。奇跡を体現したクルマでもある。

新車でも排気ガスをまき散らした。エンジンを作る際、シンプルにすることばかり考えて、排ガス規制のことは頭になかったのだろう。

トライアンフ・メイフラワー
TRIUMPH MAYFLOWER

終戦から４年、英国にはまだまだ耐乏の空気が重く垂れ込めていた。そんななか、スタンダード・トライアンフ社は市場に隙間を見つける。コンパクトなボディに燃費のいい小さな４気筒エンジンを積み、飾りつけは豪華なクルマなら売れるはずだ。そう考えて投入したのがこのメイフラワー。ただ、狙いは良かったが、この伝統の重々しすぎるスタイリングが問題だった。ロールス・ロイス・ファントムを寸詰まりにしたとしか見えない。角張った上半分と丸まった下半分は冗談かと思うほど合っていないし、おまけにシャーシがお粗末で、ステアリングのセットアップもぱっとせず、ブレーキは形だけといっていいくらい効かなかった。結局、小金持ち層にはそこそこ人気だったが、わずか４年で生産を打ち切られた。

数は少ないがコンバーチブルもあり、見かけはセダンよりも多少はましだったが、それでもベビーカーみたいだと揶揄されたし、価格も庶民には高すぎた。そのせいで、昔からレアな１台。

スペック

最高時速：101 km/h
加速時間（0～96 km/h）：不明
エンジン：直列４気筒
排 気 量：1247 cc
総 重 量：907 kg
燃　　費：13.8 km/L

ステアリングのセットアップは悪く、ブレーキはほとんど効かなかった

←50年代の英国の広告はどれも控えめで慎ましかった。とはいえ、この「英国から新たなサブコンパクトカー登場」のキャッチコピーは地味すぎ。これで見込み客をショールームに呼べるとは思えない。

1949~53年 イギリス

メイフラワー「小金持ち向けのブーケ」

1949年のロンドン・モーターショーで、メイフラワーの中身を自信満々に展示したトライアンフ社。すでに時代遅れだったのだが。

届かない

伝統の重みを前面に押し出して信頼性と品質の高さを強調したかったのはわかるが、これはやりすぎ。ロールスのあからさまな物まねを好ましいと思う者はいなかった。

エンジンは戦前製のサイドバルブ式。パフォーマンスは気が滅入るほど悪い。コラム式のトランスミッションも不快なこと極まりなし。

設計段階でのイメージは、ロールス・ロイス・シルバードーンのミニチュア版。ツートンカラーとサイドの独特なラインはそのため。ただ小さすぎるし、やけにもったいぶった感じが、正直、バカみたいだ。

ハンドリング性能は最低。作りは単純だし、サスペンションはひどいし、背が高すぎるから、スピードを出してコーナーに突っ込むと制御不能に。

ヴァルトブルク353ナイト

WARTBURG 353 KNIGHT

「史上最低の車賞」があるのなら、受賞確実の1台。東ドイツで20年以上生産され、100万台以上も売れたのは確かだが、クルマとしては徹底的なまでにダメ。乗ったら最後、それこそ生きた心地がしない。ハンドリングはおぞましい代物で、フロントエンド・グリップはないに等しい。2サイクル・エンジンは排ガスをまき散らすし、ボディがこれ以上ないというくらいサビに弱く、トリムは簡単に外れるし、ねじで留まっているパネルが一緒に落ちることもあった。パフォーマンスも最低で、最高時速はせいぜい110km/h。そのくせ、気をつけて走っても燃費はせいぜい10km/Lなのだから、もはや救いようがない。ご丁寧に、究極の不快体験を約束してくれるステーションワゴン・モデル「ツーリスト」まであった。

ただ、そんな駄車のくせにモータースポーツ界で結構な活躍をしたのだから驚き。ドライバーの言うことを聞かない性質は一般人には恐ろしいことこのうえないが、運転の腕に覚えのある者には面白いらしく、ステアリング・ホイールを切ると同時に思いきりブレーキを踏む技を覚えれば、テールを振り子並みに振り回せる。つまり、くねくねと曲がりくねったコースを走る林道レースには打ってつけ、というわけだ。濡れた田舎道で急ブレーキをかけるのは、恐怖体験そのものだったが。

雑なつくりで、ねじ留めのパネルがいつ落ちるか知れなかった

スペック

最高時速：110km/h
加速時間（0～96km/h）：22.8秒
エンジン：2ストローク3気筒
排気量：991cc
総重量：878kg
燃費：9.9km/L

←「フルサイズのステーションワゴンが750ポンド」……それくらいしかアピール点が見つからなかったのだろう。当時の物価で、それほど買い得とも思えないのだが。

353ナイト
「救世主ホワイトナイトからほど遠い」

当初はヨーロッパでまずまず売れていたが、恐ろしいハンドリング性とひどい排気ガスの問題が明るみに出るや、人気は急降下した。

環境問題

ガソリンをがばがば食うわ、黒煙をもくもくと上げるわ。今なら、環境保護の運動家からボロクソに言われるはず。

修理とメンテナンスがしやすいようにと、リアのボディパネルは溶接ではなく、ねじで留まっていた。ステーションワゴンは工場で組み立てやすいように、リア部がすべて繊維ガラスから作られていた。

史上屈指の公害車。2ストローク3気筒のエンジンは大量のガソリンを食い、大量の黒煙を吐き出した。

予測不能なハンドリング性がラリーでは人気を博したが、ヨーロッパの一般大衆には受けず。クルマ雑誌でも、危険と酷評された。

監訳者あとがき

この『図説 世界の「最悪」クルマ大全』という本は、自動車の時代が大きな転換点に在る今の時期に出た本としては、かなり大変なものだ。何故タイヘンなのか？　それは、これだけ明快にダメ車を解説した本は今まで無かったからだ。監訳者も相当に古今東西のクルマに関する本や雑誌は読んでいるつもりだが、ここまで徹底してダメ車を集めて、ものの見事にバッサリと切ったものはない。まず、日本では絶対に出な（出せな）かった種類の本であると言って良い。

著者クレイグ・チータム氏は英国でクルマに関する多くの著作のあるベテランで、単なる偏狭なエンスージャスト（俗に言うクルマバカ）でないというのも、この本の内容をきわめて厚く、そして濃くしている。加えて、英国特有の比喩的な言い回しと表現が、まるで文字で描いた四コマ漫画のように、深い部分で読む者のハートを揺さぶる。読みながら、余りの面白さと的確なウィット、そしてクルマに対する深い愛を感じさせるユーモアに思わず膝を叩いてしまう人も多いことだろう。かく言う監修をさせてもらった私もその一人だったのだけれど。新井崇嗣氏の翻訳の巧さも大いなる力となっているのは間違いない。

また、著者はこの本に登場するクルマのほとんど全てを自分でステアリングを握って走らせているのは間違いない。それは、実際に走らせた者でなければ書けない内容や表現が随所に出て来るからだ。ステアリングの異常なまでの重さを「砲丸投げの選手並みの腕力が無ければカーブを曲がれない～」（ランボルギーニ　エスパーダ）とか、「ギアを落とす（シフト・ダウン

AFTERW

する）と空気ポンプみたいな音がする～」（ＺＡＺ　ザポロジェッツ）などと書いていることからもそれは判る。こうした実践を裏打ちにした歯に衣着せぬ評価は素晴らしい。それがどんな大メーカーのモデルであろうと、どんな高級車であろうと、著者の筆致が陰りを見せていないのもさすがと言うべきだ。こうしたバランス感覚こそ、ジャーナリストに求められる必要条件の一つだろう。

クルマを、遂に文化としての存在にし損なった日本の社会に、本書は大きな一石を投ずることになるはずである。こう言う本が出て来るところは、やはり英国ならでは。これだからクルマっていうのは面白い。理屈抜きに楽しめる一冊だ。

川上 完

ORD

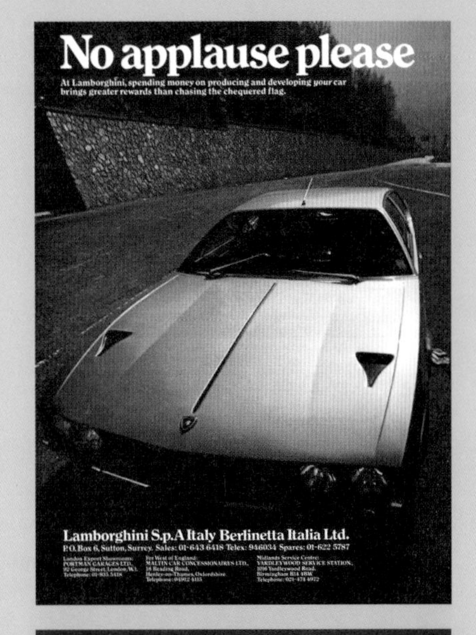

【著者】
クレイグ・チータム (Craig Cheetham)
ベテランのモーター・ジャーナリストにして作家。『クラシックカー事典』、『改造車と特注車』をはじめ、さまざまな本に携わっている。イギリスの自動車雑誌 "Auto Express" で活躍中。

【監訳者】
川上完（かわかみ・かん）
モータージャーナリスト。特にクラシックカーやオールドカー、メーカーおよびブランドの歴史に造詣が深い。おもな著書に『名車達の伝記（国産車編）』『名車達の伝記』『もう、フツーのクルマは愛せない』など。

【翻訳】
新井崇嗣（あらい・たかつぐ）
翻訳家。主な訳書に『スウィート・ソウル・ミュージック』『スタックス・レコード物語』『フットプリンツ』『ポストパンク・ジェネレーション』『シド・ヴィシャス』など。

【編集協力】
内田俊一（うちだ・しゅんいち）
モータージャーナリスト。自動車関連のマーケティングリサーチ会社に 18 年間勤務した経験を活かし、カーデザインやマーケティング分野だけでなく長距離試乗も得意とする。クラシックカー分野にも精通。

図説(ずせつ) 世界(せかい)の「最悪(さいあく)」クルマ大全(たいぜん)

2023年9月29日　第1刷

著者 ………… クレイグ・チータム
監訳者 ………… 川上(かわかみ) 完(かん)

装幀・本文デザイン ………… 松木美紀
印刷・製本 ………… シナノ印刷株式会社

発行者 ………… 成瀬雅人
発行所 ………… 株式会社原書房
〒160-0022　東京都新宿区新宿 1-25-13
電話・代表 03-3354-0685
http://www.harashobo.co.jp
振替・00150-6-151594

ISBN978-4-562-07343-6, Printed in Japan

本書は2010年刊行の『図説 世界の「最悪」クルマ大全』の新装版です。